青海省气候变化评估报告

《青海省气候变化评估报告》编写委员会　编著

气象出版社
China Meteorological Press

内容简介

本书作为国家及西北区域、黄河流域气候变化评估报告的重要补充，在总结全球及我国气候变化事实概要的基础上，系统分析了青海省气候变化的事实，评估了气候变化对青海省水资源、生态环境和农牧业等敏感领域的影响，客观评价了青海省在应对气候变化中已采取措施所取得的成效与不足，预估了未来100年可能的气候变化趋势及其可能影响，最后提出了今后加强应对气候变化的保障措施，可为地方政府应对气候变化和防灾减灾提供决策参考。

图书在版编目(CIP)数据

青海省气候变化评估报告/《青海省气候变化评估报告》编写委员会编著.—北京：气象出版社，2012.5

ISBN 978-7-5029-5470-3

Ⅰ.①青… Ⅱ.①青… Ⅲ.①气候变化-评估-青海省 Ⅳ.①P468.244

中国版本图书馆 CIP 数据核字(2012)第 071929 号

审图号：青海省基础地理信息中心 青 S(2005)004 号

出版发行：气象出版社
地　　址：北京市海淀区中关村南大街 46 号　　**邮政编码**：100081
总 编 室：010-68407112　　**发 行 部**：010-68406961
网　　址：http://www.cmp.cma.gov.cn　　**E-mail**：qxcbs@cma.gov.cn
责任编辑：陈悦丽　张　斌　　**终　　审**：章澄昌
封面设计：博雅思企划　　**责任技编**：吴庭芳
责任校对：石　仁
印　　刷：北京中新伟业印刷有限公司
开　　本：787 mm×1092 mm　1/16　　**印　　张**：3.25
字　　数：83 千字
版　　次：2012 年 4 月第 1 版　　**印　　次**：2012 年 4 月第 1 次印刷
定　　价：15.00 元

《青海省气候变化评估报告》编写委员会

编写领导小组：

组　　长：王　苹

副 组 长：陈世平　孙安平

成　　员：吴万有　黄建雄　陈彦山　李应业　马元仓

编写专家组及成员单位：

组　　长：王　苹

成　　员：孙安平　李凤霞　德力格尔　李　林

成员单位：青海省发展和改革委员会

青海省科学技术厅

青海省经济委员会

青海省教育厅

青海省民政厅

青海省监察厅

青海省财政厅

青海省国土资源厅

青海省住房和城乡建设厅

青海省交通厅

青海省水利厅

青海省农牧厅

青海省商务厅

青海省文化和新闻出版厅

青海省卫生厅

青海省统计局

青海省国家税务局

青海省地方税务局

青海省环境保护厅

青海省质量技术监督局

青海省安全生产监督管理局

青海省旅游局

青海省林业厅

中国人民银行青海省西宁中心支行

青藏铁路公司

青海省人民政府法制办公室

中国科学院西北高原生物研究所

编 写 组：

组　　长：李　林

成　　员：刘彩红　朱西德　杨鑫光　徐维新　李红梅

赵玉成

前 言

气候变化既是当今国际社会普遍关注的全球性问题，也是关系到环境保护和社会可持续发展的重大现实问题。为履行《联合国气候变化框架公约》及《京都议定书》的有关义务，由科学技术部、中国气象局、中国科学院、国家发展和改革委员会等17个部门编制了《气候变化国家评估报告》(2007)，报告包括气候变化的科学基础、气候变化的影响与适应对策以及气候变化的社会经济评价，对21世纪的气候变化未来趋势做出预测，提出应对气候变化的政策措施。根据气候变化科学研究和哥本哈根会谈气候问题的国际谈判新形势的进展情况，以及国内制定和实施气候变化政策措施的需求，第二次气候变化国家评估报告已编写完成。

青海省作为青藏高原的主体部分，是我国乃至东亚气候与环境变化的“敏感区”和“脆弱带”，其生态系统属于中国“生态源”的重要组成部分和重要的碳素汇集生态系统，具有维系国家生态安全的重要作用。因此，应对气候变化工作在青海省具有举足轻重的地位。编写《青海省气候变化评估报告》是落实《青海省应对气候变化方案》和《青海省应对气候变化办法》的具体行动，本报告同时也是《气候变化国家评估报告》、《西北区域气候变化评估报告》的重要补充。本报告在描述全球、全国以及青海省气候变化基本事实的基础上，评估了气候变化对青海省敏感行业的影响，评价了青海省已采取应对措施的效果，预估了青海省未来气候变化及其可能的影响，提出了青海省适应对策和保障措施，可为地方政府开展适应气候变化和防灾减灾工作提供决策参考。

在本报告编写过程中，得到了青海省发展与改革委员会等相关厅局的悉心指导和支持，在此一并表示衷心的感谢！

作者

2011年11月

目 录

第 1 章　青海省气候变化的事实

1.1　全球气候变化的事实概述

1.1.1　全球气候变化的观测事实

全球平均地表温度在过去的 100 年(1906—2005 年)明显增加,增温范围介于 0.56～0.92 ℃之间,平均气温升高 0.74 ℃,比政府间气候变化专门委员会(IPCC)第三次评估报告的估计值大 0.14 ℃。根据全球地表温度器测资料,在最近 12 年(1995—2006 年)有 11 年位列 1850 年以来最暖的 12 个年份之中。此外,在北半球高纬度地区的升温幅度要大于其他地区,陆地区域的变暖速率比海洋快。

气候变暖使全球气候系统发生显著变化,如雪盖、冰川退缩,海平面升高,海水热容增大,气候变率增大,极端天气气候事件增多等。1978 年以来的卫星资料显示,北极年平均海冰面积以每 10 年 2.7%的速率退缩,夏季退缩率达到每 10 年 7.4%。在 1993 至 2003 年间,全球平均海平面上升速率由之前的 1.8 毫米/年增加到 3.1 毫米/年。

1.1.2　全球气候变化的主要原因

造成全球气候变化的因子包括自然和人为因素。人为因素主要有:第一,自工业革命以来,由人类活动导致的大气中的二氧化碳(CO_2)、甲烷(CH_4)、氧化亚氮(N_2O)等温室气体和大气气溶胶浓度迅速增加;第二,土地利用和土地覆盖的变化引起的地表反射率以及陆气能量和物质交换的变化。自然因素主要包括火山和太阳活动。这些气候驱动因子在很大程度上都会改变气候系统的能量平衡。

大量的研究表明,人类活动释放的长寿命温室气体,尤其是其中的 CO_2 是全球气候变暖的主要贡献者,温室气体含量的不断增加也已成为目前最重要的全球环境问题之一。但是,基于温室气体和气溶胶的气候效应的研究模式不确定性太大,虽然模拟的气温上升趋势与实际观测值不矛盾,但无法解释年际至年代际的气温变化。

1.1.3　全球气候变化造成的主要影响

全球气候变化对环境、生态和社会经济系统具有深远的影响。IPCC 报告指出,在人类社会各个经济领域,气候变化的主要影响是负面的。如近年来我国的农业、水资源、森林与其他自然生态系统、海岸带等极易受全球气候变化的不利影响,自然灾害进一步加剧。因此,一方面,我们要面对气候变化的直接影响,另一方面,需要提高适应气候变化的能力及采取减缓行动。

1.2 中国气候变化的事实概况

1.2.1 中国气候变化观测事实

1.2.1.1 气温变化

中国近100年来温度变化与北半球的变化相似，20世纪40年代和20世纪80年代为两个增温期，北半球平均温度80年代高于40年代，而中国的情形与之相反(林学椿等，1995)；全国年平均气温升高了0.5～0.8 ℃，略高于同期全球增温平均值，近50年变暖尤其明显。1951—2001年51年间平均气温上升了约1.1 ℃，增温速率每10年0.22 ℃；增温主要是从20世纪80年代开始，且有加快的趋势。从地域分布看，西北、华北和东北地区气候变暖明显，其中青藏高原增温尤为显著；长江以南地区变暖趋势不明显；中国西南地区的降温现象令人瞩目，其中春季和夏季变凉尤为突出；长江中下游地区夏季平均气温也呈下降趋势。和全球平均一样，中国近100年的增温主要发生在冬季和春季，从1986—2005年中国连续出现了20个全国性暖冬。

总体上看，中国自20世纪中期以来总体趋向变暖，80年代以来变暖尤其明显，气温以外的其他气象要素也表现出不同程度的变化(施能等，1995)。进入21世纪，全国气温仍具有变暖的趋势，2006年是自器测以来最暖的一年。

1.2.1.2 降水变化

1905—2001年中国年均降水量没有出现明显的趋势性变化，但具有明显的年际和年代际振荡，从降水的年代际来看，20世纪10年代、30—40年代和80—90年代降水偏多，其余年代降水偏少。从各季节的降水量变化来看，秋季和春季的变化较明显，分别减少27.3毫米和增加20.6毫米；夏季和冬季的变化趋势则不甚明显。近50年全国年均降水量变化趋势也不明显，但1956年以来出现了微弱增加趋势，1990年以来，大部分年份的降水量高于常年。

降水变化的区域波动较大，就年降水量变化来看，近50年来中国东北东部、华北中南部的黄淮海平原和山东半岛、四川盆地以及青藏高原部分地区出现不同程度的下降趋势，其中山东半岛的负趋势最显著(郭其蕴等，2004)。黄河、海河、辽河和淮河流域平均年降水量从1956—2000年约减少了50～120毫米。在全国的其余地区，包括西部地区大部分、东北北部、西南西部、长江下游和东南丘陵地区，年降水量均呈现不同程度增加，其中长江下游、华南沿海和西北地区的增加比较显著。在西北的南疆及北疆的南部、青海北部、甘肃西部降水量普遍增加，仅个别站点是减少的。

1.2.2 中国气候变化原因及相关结论

中国20世纪的变暖可能主要与不断增强的温室效应和气候自然变化有关。20世纪前50年中国的温度变化与太阳活动和火山活动以及全球气候系统内部各圈层之间的相互作用有明显的联系；20世纪后50年特别是近20年的气候变暖可能主要与人类活动引起的大气温室气体浓度增加有关。对于降水量、日照或太阳辐射、风速等气候要素的变化，目前还不能完全归因于增强的温室效应的影响，但是，温室效应、土地利用的变化以及人类活动排放的气溶胶的影响应引起注意。

1.2.2.1　20世纪中国变暖可能的自然原因

中国位于欧亚大陆中纬度地区，深受大气环流（如北极涛动、东亚季风）的影响，同时受海洋（尤其是太平洋和印度洋）和自身复杂地形与陆面状况的影响。

(1)大气环流异常

行星尺度的北极涛动（AO）异常，对中国气温变化有显著的影响。对中国气候的影响主要是通过西伯利亚高压、东亚大槽等区域性环流来实现的。利用建立的近百年东亚冬季和夏季指数计算与中国气候的变化关系发现，强冬季风年对应中国大范围偏冷，而弱冬季风年对应中国大范围偏暖；强夏季风年对应中国大范围气温偏高，夏季雨带位置偏北，弱夏季风年对应中国东部气温偏低，雨带偏南。

(2)海温异常

厄尔尼诺现象（El Nino）对中国气温的分布有明显的影响，是造成凉夏暖冬异常气候的重要条件。而在拉尼娜现象（La Nina）年则相反，容易出现热夏冷冬的温度分布（赵振国，1996）。产生这种作用的主要原因是在El Nino发生年的冬季，东亚极锋锋区比常年偏北，冷空气随之偏北偏弱，而南方暖湿气团势力偏强，我国往往出现暖冬。

1.2.2.2　影响中国降水变化的因子

在影响中国近百年降水特征的自然因子中，海洋对中国降水的影响不可低估。有关东亚夏季风强弱与我国雨带的关系研究指出：强东亚夏季风将导致黄河中下游及华北地区汛期多雨和长江中下游少雨，全国雨带偏北；弱东亚夏季风则相反。

1.2.3　极端气候事件

1.2.3.1　高温和低温事件

中国的极端气温事件发生了显著变化。自1950年开始，全国范围寒潮活动逐步减弱（尤其是20世纪80年代和90年代初），低温日数也趋于减少。最近研究表明（Zhai等，2003），就全国平均而言，在过去50年中最高气温大于35 ℃的高温日数略有减少，但减少不显著，而霜冻日数则显著减少，减少速率每10年为2.4天，共减少了12天左右。与此同时，我国的热昼和暖夜频率显著增加；而冷昼频率减少，冷夜减少趋势更为明显。

1.2.3.2　强降水和暴雨

中国的极端降水平均强度和极端降水量都有增强的趋势，极端降水事件趋多，尤其20世纪90年代，极端降水量比例趋于增大。西北西部总降水量趋于增多，极端降水量和极端降水强度未发生显著变化，但极端降水事件趋于频繁。在过去的50年中，夏半年极端降水事件增加的趋势在西北、长江流域等地都有出现。

1.2.3.3　干旱

50多年来中国北方地区干旱面积呈扩大趋势，同时还存在着较明显的阶段性。干旱范围最广的年份为1999年，受旱范围超过60%，其次是1965年和1997年，其他较为严重的年份有1972年、1982年、1986年和2000年。中国北方主要农业区干旱面积在春、夏、秋、冬各季都处于上升趋势中，但冬、春季发展速度较快，夏、秋季发展速度较慢。从干旱范围平均状况来看，夏、秋季干旱较重，冬、春季较轻。在中国的华北、华东北部的干旱面积扩大迅速，东北、华中北部干旱面积扩大速度相对较小，西北东部的干旱面积扩大形势不明显。

1.2.3.4　沙尘暴

20 世纪 50 年代后期以来，全国沙尘暴日数总体上呈减少趋势。但 50 年代后期和 70 年代沙尘暴出现日数较多，80 年代以来出现日数逐步减少，其中 1966 年沙尘暴日数最多，1997 年最少，但 1997 年以后又呈现增加趋势。中国北方的典型强沙尘暴事件近半个世纪也呈现波动减少趋势，20 世纪 50 年代强沙尘暴较为频繁，90 年代相对较少，90 年代末以后又有一定增多趋势(周自江等，2003)。青海省西北部和东南部部分地区沙尘暴有增加趋势。

1.3　青海省气候变化事实

1.3.1　青海省气候变化的事实

1.3.1.1　气温

1961—2010 年青海省年平均气温呈明显升高趋势。年平均气温的阶段性变化极其明显(图 1.1a)，20 世纪 60 年代至 80 年代中期为冷期，80 年代后期至 21 世纪前 10 年为暖期，尤其是 20 世纪 90 年代末期至 21 世纪前 10 年增温尤为明显。近 50 年来，全省年平均气温升温率为 0.37 ℃/10 年，明显高于近 50 年全球每 10 年温度升高 0.13 ℃，全国每 10 年温度升高 0.22 ℃的水平。其中，东部农业区、三江源区、柴达木盆地、环青海湖区气温变化率分别为 0.27 ℃/10 年、0.36 ℃/10 年、0.42 ℃/10 年、0.36 ℃/10 年，柴达木盆地是青海省年平均气温升温率最大的地区(图 1.1b)。

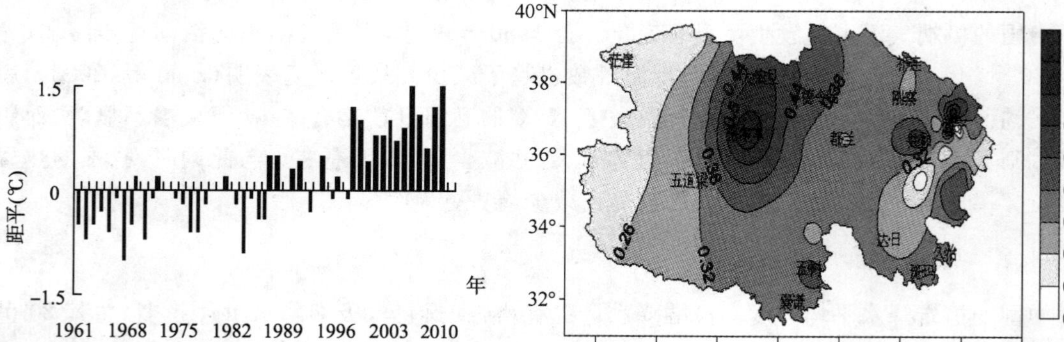

图 1.1　1961—2010 年青海省年平均气温距平变化(℃)(a)、升温率空间分布℃/10 年(b)

近 50 年来，青海省年平均最低、最高气温均呈明显升高趋势，其升温幅度分别为 0.46 ℃/10 年和 0.32 ℃/10 年，年平均最低气温的升温率明显高于年平均最高气温和年平均气温的升温率。年平均最高气温在东部农业区增幅速率最大，为 0.33 ℃/10 年。柴达木盆地年平均最低气温的增温幅度比全省平均值高出 0.23 ℃/10 年，变暖趋势更为显著。从季节变化来看，近 50 年来青海省四季平均气温也表现为一致的升高趋势，增温幅度最明显的季节是冬季。

1.3.1.2　降水

1961—2010 年青海省年降水量呈现出微弱增多趋势，增幅为 4.6 毫米/10 年。年降水量的阶段性变化明显(图 1.2a)，20 世纪 60 年代至 70 年代初为少雨期，70 年代中期至 80 年代末期为多雨期，90 年代明显偏少，进入 21 世纪以来有所增加。四季降水量均呈增加趋势，春、夏季降水量增幅较为明显，增加率分别为 2.06 毫米/10 年和 2.03 毫米/10 年；秋、冬季降水略有增加，但不明显。

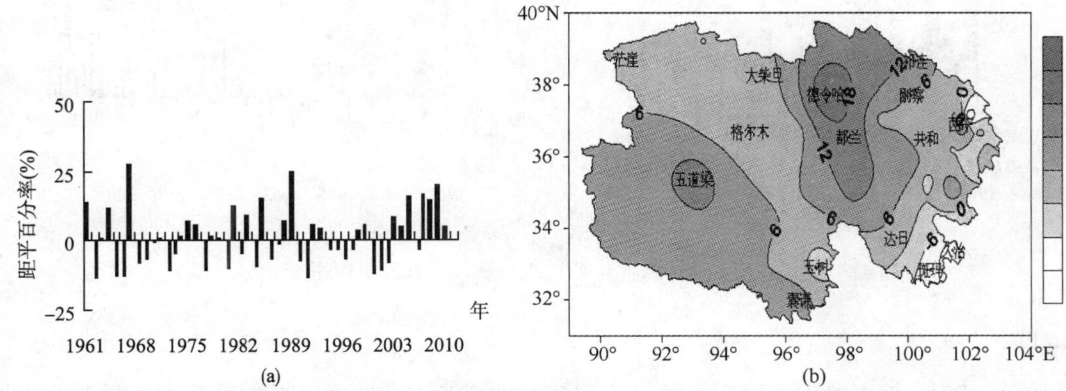

图 1.2　1961—2010 年青海省年降水距平百分率变化(%)(a)、降水变化率空间分布(毫米/10 年)(b)

各地区降水量变化趋势不尽一致，三江源地区的中西部、柴达木盆地中东部增加趋势明显，其中德令哈增幅尤为显著，达 25.1 毫米/10 年；环青海湖地区呈略微增加趋势；东部农业区、三江源地区东部有所减少，其中久治减少最为明显，减幅为 18.0 毫米/10 年(图 1.2b)。

1.3.1.3　日照时数

1961—2010 年青海省年平均日照时数呈减少趋势(图 1.3a)，减少率为 16.3 小时/10 年。其中，柴达木盆地减少最为明显，减少率为 41.3 小时/10 年；三江源地区呈增加趋势，增加率为 8.1 小时/10 年(图 1.3b)。全省四季平均日照时数变化均呈一致减少趋势，其中夏季减少率最大，为 8.72 小时/10 年，其次为冬季，减少率为 4.05 小时/10 年。2010 年全年平均日照时数为 2773.0 小时，较 1971—2000 年气候平均值偏少 0.6%。

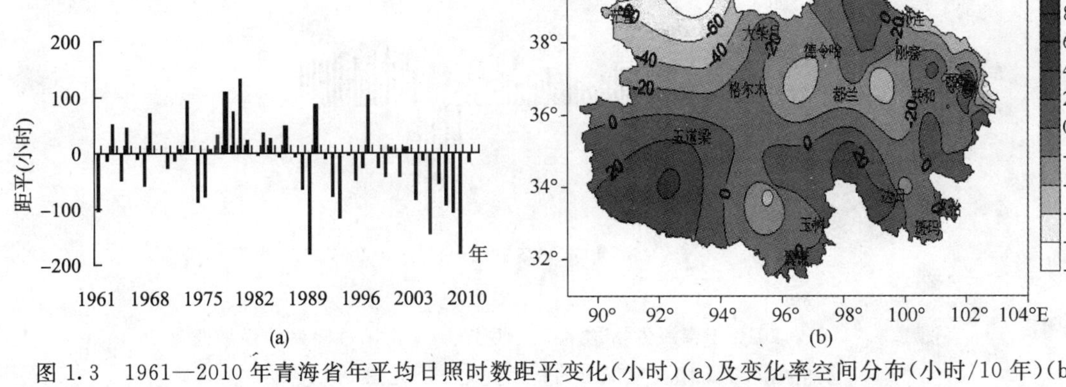

图 1.3　1961—2010 年青海省年平均日照时数距平变化(小时)(a)及变化率空间分布(小时/10 年)(b)

1.3.1.4　云量

1961—2010 年青海省年平均总云量呈略微减少趋势(图 1.4a)，减幅约为 0.06 成/10 年。

其中东部农业区和三江源地区减少较为明显,互助土族自治县是全省减少幅度最大的地区,减少速率为0.18成/10年。全省年平均低云量呈微弱增加趋势,但不明显(图1.4b),增加幅度0.05成/10年。就低云量的区域性变化而言,除东部农业区及青南部分地区略减少外,其余地区均略有增加,兴海增加最为明显,增幅为0.39成/10年。

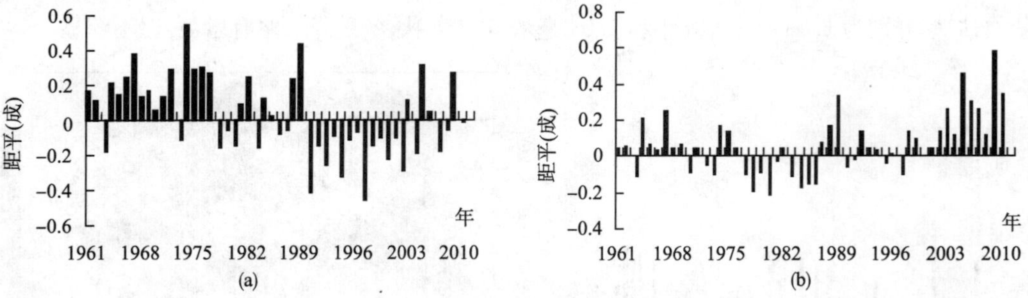

图1.4　1961—2010年青海省年平均总云量(a)、低云量距平变化(b)(成)

1.3.1.5　太阳辐射

1961—2010年青海省太阳年总辐射表现出减少趋势,其中西宁减少趋势尤为明显,减少速率为135.1兆焦/(平方米·10年)①。在年代际变化上,20世纪80年代年总辐射处于低值期,这恰好对应于20世纪80年代的多雨期。1961—2010年格尔木太阳直接辐射呈增加趋势,增加速率为32.9兆焦/(平方米·10年),且具有明显的阶段性变化,在上世纪80年代中期到90年代初经历了一个低值阶段,其余时段均呈增加态势(图1.5)。

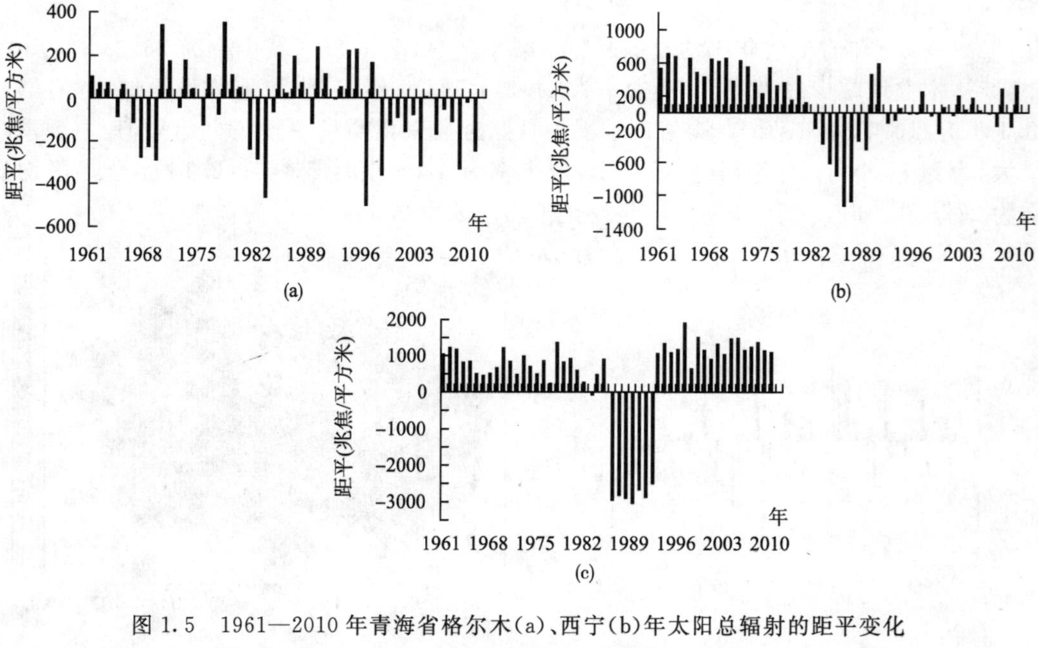

图1.5　1961—2010年青海省格尔木(a)、西宁(b)年太阳总辐射的距平变化及格尔木年太阳直接辐射的距平变化(c)(兆焦/平方米)

① 1兆焦=10^6焦,后同。

1.3.1.6　风速

1961—2010 年全省年平均风速呈明显减小趋势(图 1.6a),减小率为 0.14 米/(秒 · 10 年)。其中,柴达木盆地年平均风速减小最显著,为 0.28 米/(秒 · 10 年);三江源地区减小率最小,为 0.06 米/(秒 · 10 年)。1987 年气候变暖以前年平均风速处于偏大期,此后年平均风速迅速转入偏小期(图 1.6b)。近 50 年来四季平均风速变化趋势不尽一致,春、夏季呈减小趋势,秋、冬季呈增大趋势。

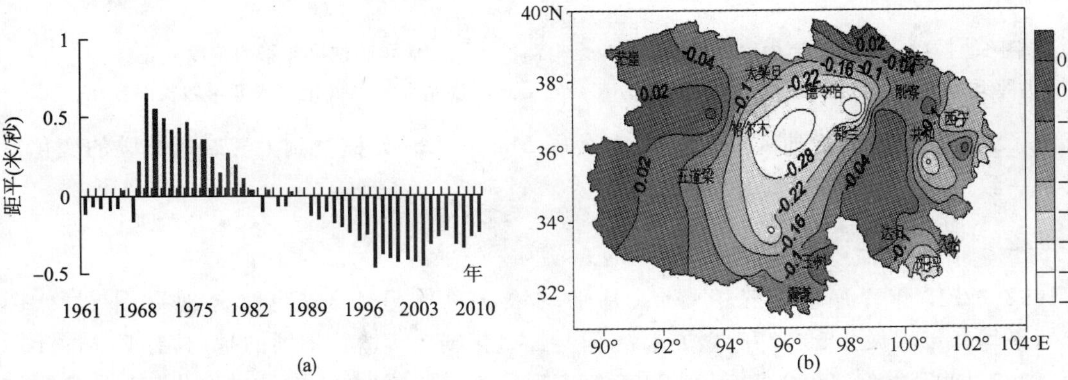

图 1.6　1961—2010 年青海省年平均风速距平变化(米/秒)(a)、变化率空间分布(米/(秒 · 10 年))(b)

1.3.2　大气成分变化

根据 1991 年 8 月—2010 年 12 月地处青海省海南州瓦里关山的中国大气本底观象台监测,青海上空大气中二氧化碳浓度呈显著增加趋势,年增长率为 1.83 毫升/立方米,并具有明显的季节变化;甲烷浓度同样呈逐年上升的趋势;大气中臭氧总量表现为复杂的年内变化和稳定的下降趋势,而地面臭氧浓度具有明显的季节变化且呈缓慢的上升趋势;黑碳气溶胶浓度近 10 年来明显增加,年增长率为 18 纳克/立方米①。

1.3.2.1　二氧化碳

1991—2010 年青海省上空大气二氧化碳年、月平均浓度均呈显著增长趋势(分别见图 1.7a、图 1.7b)。其中,年平均浓度从 1991 年的 355.73 毫升/立方米增长至 2010 年的 390.00 毫升/立方米,20 年间增加了 34.27 毫升/立方米,年增长率为 1.71 毫升/立方米。这种趋势大

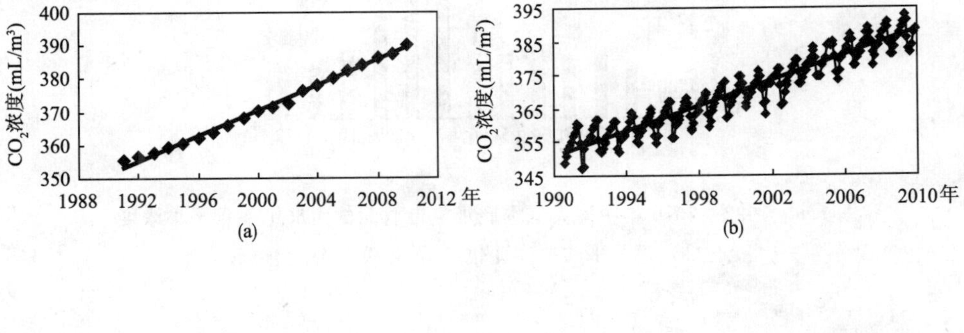

① 1 纳克 = 10^{-9} 克,后同。

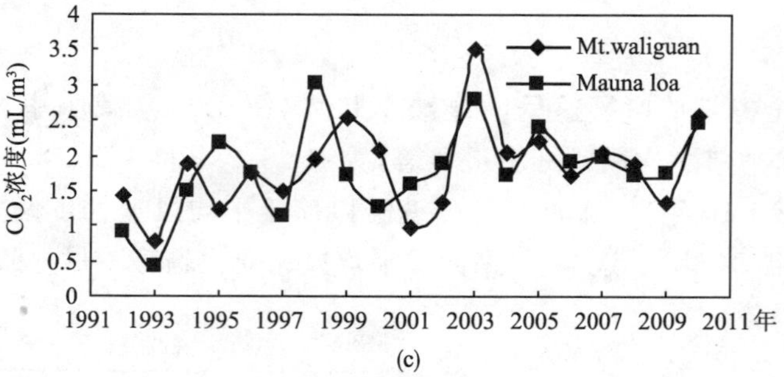

图 1.7　1991—2010 年中国大气本底观象台监测的大气二氧化碳浓度年平均浓度变化(a)、逐月平均浓度变化(b)及中国瓦里关与美国 Mauna Loa 本底站大气二氧化碳浓度年增长率变化(c)

体反映了北半球中高纬度地区平均状况，与美国 Mauna Loa 站监测到大气二氧化碳的变化特征基本一致(WMO,2004)(图 1.7c)。

1.3.2.2　甲烷

1992—2010 年青海省大气甲烷年、月平均浓度总体呈增长趋势(分别见图 1.8a、图 1.8b)，平均每年增长 3.99 微升/立方米①，但与二氧化碳持续增长不同的是，具有明显的年际波动，1993、1997、2001、2002、2005 和 2006 年出现了负增长(图 1.8b)，这种变化趋势和年际波动特征与全球甲烷平均状况的变化并不完全一致(德力格尔等，2007)。同时，甲烷浓度有准周期性的季节变化，极大值多集中出现在夏季月，极小值主要出现在冬春季，平均季节振幅约为 12.52 微升/立方米(图 1.8c)，这同样与北半球中高纬度地区甲烷浓度平均水平的季节变化特征不相符(周凌晞等，2007)。

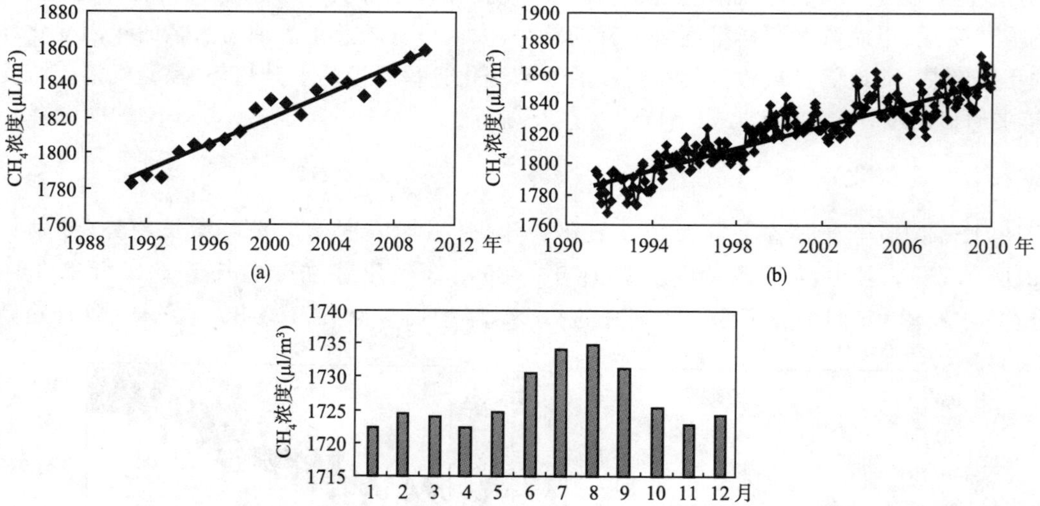

图 1.8　1992—2010 年中国大气本底观象台监测的大气甲烷年平均浓度变化(a)、逐月平均浓度变化(b)及浓度月际变化(c)

①　1 微升$=10^{-6}$升，后同。

1.3.2.3　臭氧

(1)臭氧总量

1991—2010 年青海省大气臭氧总量表现为稳定的下降趋势，减少率为 0.50 陶普生/年①(图 1.9)，这与北半球中高纬度地区观测到的平流层臭氧减少的趋势相一致(周秀骥等，1996)。同时，臭氧总量存在着明显的季节变化规律，最高值出现在每年冬末春初，而最低值出现在秋季，月总量在 240.74～335.91 陶普生之间波动，季节变化的平均幅度为 59.5 陶普生。

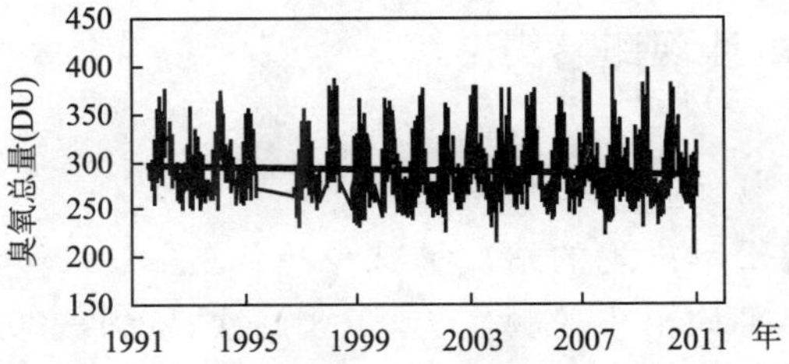

图 1.9　1991—2010 年中国大气本底观象台监测的臭氧总量月平均值的变化

(2)近地面臭氧

1994—2010 年瓦里关近地面臭氧月平均浓度呈上升趋势(图 1.10a)，年平均增长率为 0.15 纳升/立方米②。近 17 年来臭氧浓度有明显的季节变化，春、夏季地面臭氧的浓度明显高于秋、冬季，浓度最高值出现在每年的夏初，而最低值则出现在冬季的 12 月份(图 1.10b)，季节变化的幅度为 17.51 纳升/立方米。

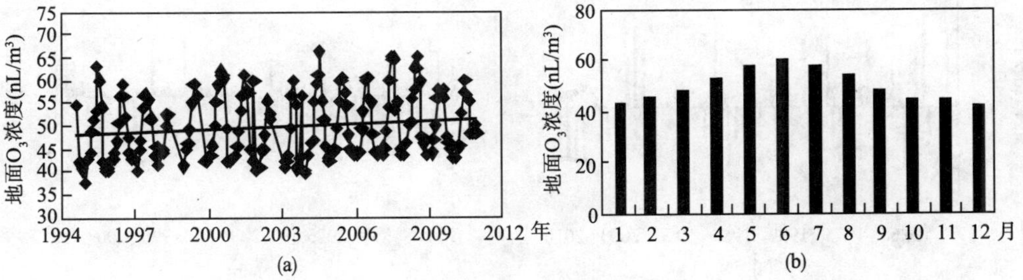

图 1.10　1994—2010 年中国大气本底观象台监测的地面臭氧浓度的月平均浓度变化(a)及臭氧浓度月际变化(b)

1.3.2.4　黑碳气溶胶

2000—2010 年瓦里关黑碳气溶胶浓度(简称 BC)明显增加(图 1.11a)，每年增长约 18 纳克/立方米。同时，黑碳气溶胶浓度变化具有明显的季节变化特征(图 1.11b)，春季黑碳气溶胶浓度相对于其他季节来说，不仅浓度偏高，而且逐年增加的趋势更加明显(周秀骥，2005)。

---

①　陶普生：臭氧层厚度单位，1 陶普生单位等于标准大气状态下 0.01 毫米臭氧层的厚度。

②　1 纳升＝10^{-9}升，后同。

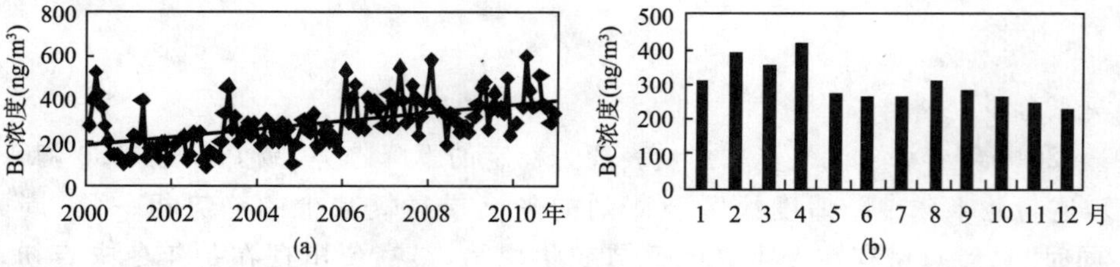

图 1.11 2000—2010 年中国大气本底观象台监测的黑碳气溶胶浓度逐月平均浓度变化(a)及浓度月际变化(b)

1.3.3 极端天气气候事件观测事实

1.3.3.1 干旱

1961—2010 年青海省干旱出现的站次呈减少趋势(图 1.12a),减少率为 1.33 站次/10 年。1961—2000 年干旱年平均出现的频次为 11.3 站次,2001—2010 年度干旱平均发生为 7.9 站次,表明 21 世纪以来干旱发生次数明显减少。尽管气候变暖后干旱发生的站次减少,但干旱强度趋强,对农牧业生产危害的程度加重。如 2009 年全省旱象严重,部分地区出现了自上年秋季到当年夏季的四季连旱,全省 631 条河流有 127 条断流、干涸,受旱耕地面积 500 多万亩①,占当年播种面积的 60%,严重受旱面积 150 万亩,绝收面积近 100 万亩,粮油减产幅度为近 50 年来罕见;草原受灾面积 8000 万亩,30 万人、40 万头(只)牲畜饮水发生困难,受灾人口达 126 万。

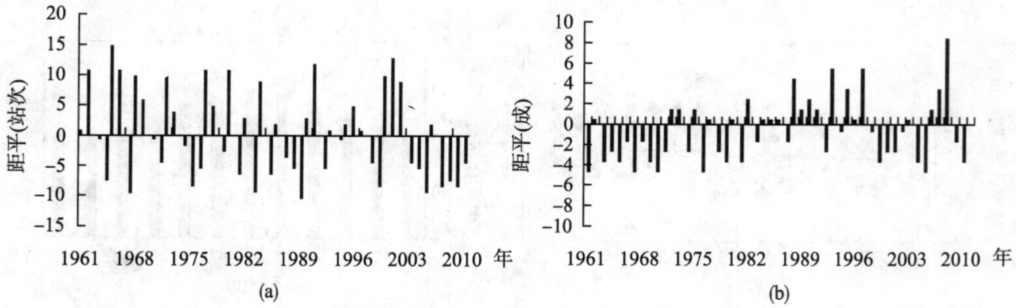

图 1.12 1961—2010 年青海省干旱(a)、雪灾(b)发生站次距平变化

1.3.3.2 雪灾

1961—2010 年青海省主要牧业区雪灾出现站次呈显著增多趋势(图 1.12b),增多率为 0.7 站次/10 年。1961—1997 年雪灾年平均出现频次为 5.0 站次,而 1998—2010 年平均为 4.8 站次。在 1998 年气候显著变暖以来,雪灾年平均出现的站次较 1961—1997 年减少 0.2 站次。近年来雪灾频次的虽有减少,但程度却在加重,给我省农牧业生产造成了严重危害。如 2008 年 1,2 月青海省出现了大范围、长时间降雪、降温的低温连阴雪天气,最高气温长时间维持在 0.0 ℃以下,积雪难以融化,形成了历史上罕见的雪灾,全省 70 万人受灾,1800 公顷温室

① 1 亩=1/15 公顷,后同。

大棚受灾，近 75 万头（只）牲畜死亡，直接经济损失 19 亿元。

1.3.3.3　暴雨

1961—2010 年青海省暴雨发生次数无明显变化，但存在较明显的阶段性变化（图 1.13）。20 世纪 60、70 年代全省暴雨平均每年发生 30～34 站次，80 年代平均每年发生 25 站次，90 年代平均每年发生 34 站次，21 世纪以来平均每年发生 36 次，表明 20 世纪 90 年代以来我省暴雨发生次数明显增多，这在东部农业区表现得尤为明显。2010 年全省共出现暴雨 46 站次，其中夏季就发生多起，暴雨日数达 5 天突破 1961 年以来历史极值，引发洪涝灾害 45 起，造成 28 人死亡，农作物、人民财产遭到重大损失。

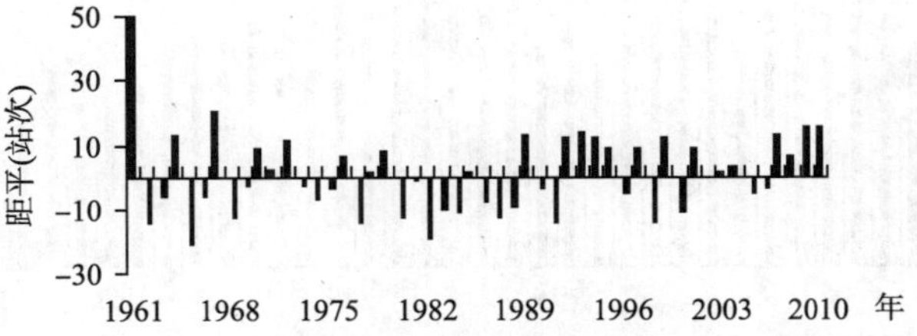

图 1.13　1961—2010 年青海省暴雨发生站次距平变化

1.3.3.4　大风、沙尘暴

1961—2010 年全省大风、沙尘暴发生日数呈显著下降趋势（图 1.14），其中大风日数每 10 年减少 3.9 天，沙尘暴日数每 10 年减少 0.9 天。各地区大风、沙尘暴日数变化趋势并不完全一致，柴达木盆地中部、祁连山西北段、可可西里地区大风日数呈增加趋势；柴达木盆地西北部、祁连山西北段、果洛、黄南等部分地区沙尘暴呈减少趋势。进入 21 世纪以来，大风、沙尘暴对我省的影响日趋不明显。

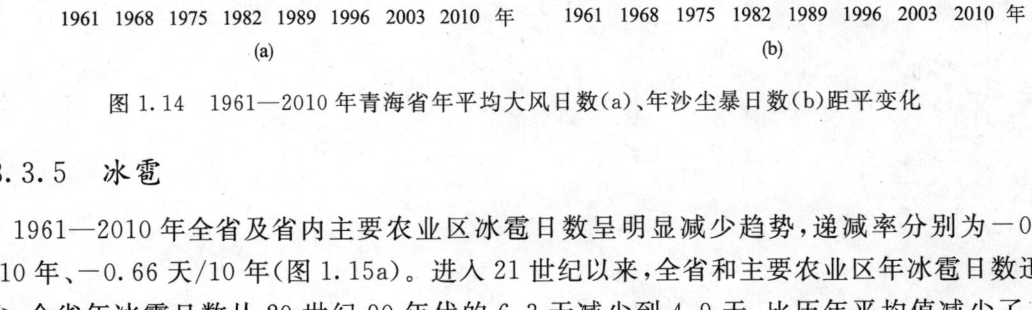

图 1.14　1961—2010 年青海省年平均大风日数(a)、年沙尘暴日数(b)距平变化

1.3.3.5　冰雹

1961—2010 年全省及省内主要农业区冰雹日数呈明显减少趋势，递减率分别为－0.81 天/10 年、－0.66 天/10 年（图 1.15a）。进入 21 世纪以来，全省和主要农业区年冰雹日数迅速减少，全省年冰雹日数从 20 世纪 90 年代的 6.3 天减少到 4.9 天，比历年平均值减少了 2.3 天；主要农业区年冰雹日数则由 3.2 天减少到 1.7 天，较历年平均值减少 1.8 天。1989 年是全省冰雹灾害最为严重的年份之一，仅湟源一地就遭受 8 次冰雹袭击，受灾 3.6 万人，受灾农

田面积 8.77 万亩，损失粮食 401.9 万千克、油料 138.1 万千克，直接经济损失 716.6 万元。

1.3.3.6 雷暴

1961—2010 年青海省雷暴日数呈略减少趋势(图 1.15b)，减幅为 2.9 天/10 年，但雷击次数及其造成的直接经济损失明显增加，尤其进入 21 世纪后，随着青海省强对流天气增多，雷击次数急剧增加。如，2009 年 6—9 月全省共发生 9 起雷电灾害，造成 5 人死亡、5 人受伤，部分通信设备受损，直接经济损失 88 万元。

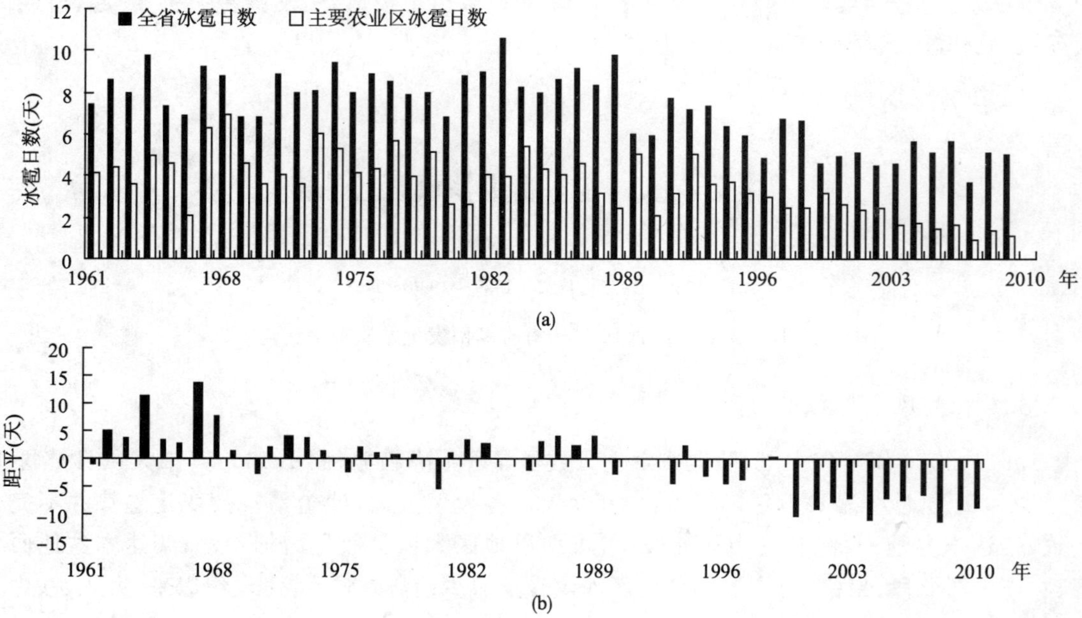

图 1.15 1961—2010 年青海省及省内主要农业区年冰雹日数(a)和雷暴日数距平变化(b)

第 2 章　青海省气候变化的影响

由于青海省气候变化的敏感性和生态环境的脆弱性十分突出，加之社会经济发展相对滞后，适应气候变化能力薄弱，使得青海省生态系统、水资源、农牧业等诸多敏感领域均受到气候变化的显著影响。

2.1　气候变化对水资源的影响

气候变化引发青海省河流流量减少、湖泊萎缩、冰川退缩、雪线上升、湿地退化等一系列水资源减少现象。作为重要的江河源头地区，青海省水资源的减少，间接地影响到流域中下游地区生态、社会和经济的建设和发展。近年来，由于降水量的增加和蒸发量的减少，加之三江源地区生态保护与建设工程的实施，青海省水资源减少趋势趋于缓和。

2.1.1　对河流的影响

1961—2010 年青海省大多数河流年平均径流量在丰、枯交替变化过程中总体呈现减少趋势，特别是黄河上游和长江上游流域的径流量明显减少。20 世纪 90 年代与 80 年代相比，长江上游、黄河上游和澜沧江上游的年平均流量分别减少了 24%、27%和 13%。1961—2010 年黄河上游年平均流量以每 10 年 33.1 立方米/秒的速率减少，20 世纪 90 年代年平均流量减少幅度达到 32%，减少了 206.8 立方米/秒。但自 2003 年开始，黄河上游降水量持续增加，流量增多，2003—2010 年黄河上游平均流量达 607.2 立方米/秒，较 1991—2002 年增加 83.9 立方米/秒，偏多 16%(图 2.1a)。长江源头径流也经历了与黄河相似的变化过程，20 世纪 90 年代处于低值期，进入 21 世纪后长江源区降水量明显增多，2003—2010 年长江上游年平均流量达 503.1 立方米/秒，较 1991—2002 年偏多 140.0 立方米/秒，偏多 38.5%。2009 年是有观测记录以来流量最多的一年，年平均流量较常年偏多 99.4%(图 2.1b)。

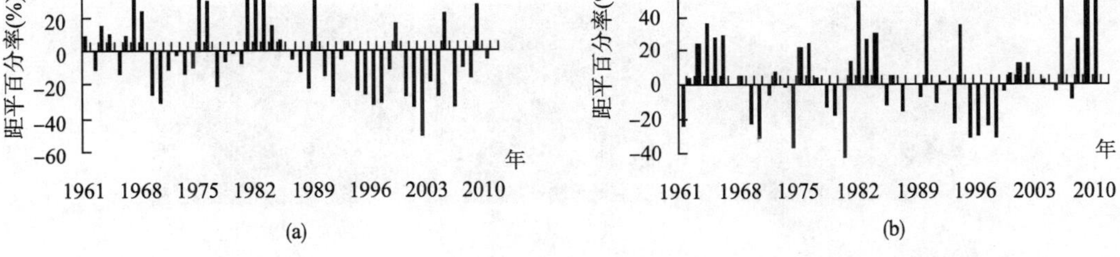

图 2.1　1961—2010 年黄河上游(a)、长江上游(b)年平均流量距平百分率

2.1.2　对湖泊的影响

1961—2010 年青海湖流域年降水量呈微弱增加趋势，但由于气温明显上升，入湖流量减少，青海湖水位近 50 年来总体呈持续下降趋势。自 20 世纪 60 年代至 20 世纪末，水位下降 3.37 米，下降率达到 0.84 米/10 年（刘小园，2001）。2004 年后随着青海湖流域降水量的增多，入湖径流也开始增加，水位止跌回升，2004—2010 年青海湖水位 6 年累计上升 72 厘米（图 2.2a）；2010 年 9 月湖泊面积由 2004 年同期的 4254.38 平方千米增大到 4344.58 平方千米，与 2001 年至 2009 年同期的平均面积相比增加了 48.51 平方千米（图 2.2b）。

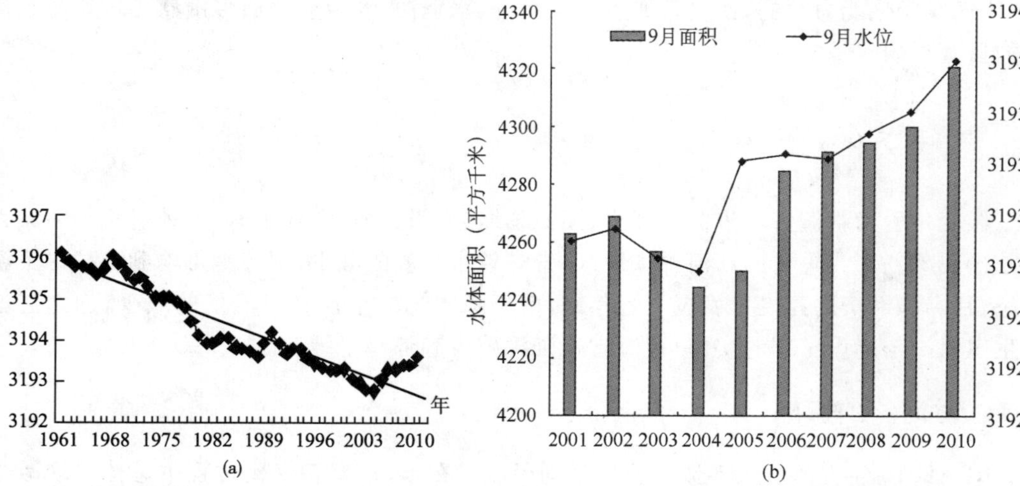

图 2.2　1961—2010 年青海湖水位的年际变化(a)及 2001—2010 年 9 月水体面积变化(b)

哈拉湖、扎陵胡、鄂陵湖等湖泊水位和面积的变化特征也大致与青海湖相一致，2005 年后湖泊水位呈上升趋势，湖泊面积出现增大趋势（吴素霞等，2008）。

2.1.3　对冰川的影响

气候显著变暖已引起青海省内冰川发生全面退缩和加速消融，特别是进入 20 世纪 90 年代后期退缩速度明显加快（樊启顺等，2005）。其中，黄河源区阿尼玛卿山冰川面积由 1990 年的 166 平方千米退缩为 2002 年的 101.94 平方千米。长江源头各拉丹东地区冰川总面积自 1992 年以来呈持续下降趋势，面积由 1992 年的 931.59 平方千米减少至 2002 年的 927.66 平方千米，11 年间减少了 3.93 平方千米，2008 年进一步萎缩减为 915.13 平方千米（图 2.3）。祁连山冰川近 20 年来大幅缩减，融水比 20 世纪 70 年代减少了大约 10 亿立方米，雪线以年均 2 米至 6.5 米的速度上升。

(a)　(b)　(c)

图 2.3　卫星遥感监测到的 1992(a)、2002(b)和 2008(c)年各拉丹东冰川面积图像

2.1.4　对湿地的影响

1961—2010 年三江源区大部分冰川和高山积雪逐年萎缩，加之降水量减少，直接影响到高原湿地的水源补给，引起泥炭沼泽地干燥并裸露，导致沼泽低湿草甸植被向中旱生高寒植被演变，植被生物量减少，湿地功能下降。20 世纪 80 年代初黄河源区沼泽类湿地面积为 38.9 万公顷，90 年代末减少到 32.5 万公顷，而 1990—2004 年间减少尤为显著，减少了近 2 万公顷，平均每年减少约 0.4 万公顷（李林等，2009）。长江上游地区湿地也呈明显退化趋势，其中玉树隆宝湿地沼泽缩减速度达到 487.3 公顷/年。

21 世纪以来，三江源地区湿地退化趋势逐步得到遏制。2003—2006 年黄河源区湖泊类湿地面积和湖泊数量持续增长，其中湿地面积由 2003 年的 1462.94 平方千米增大为 2006 年的 1594.79 平方千米，湖泊数量由 2003 年的 71 个增加为 2006 年的 162 个。长江源头湿地面积近 10 多年来总体呈增加态势，1990—2004 年间共增加 332.66 平方千米，增加速率为 23.76 平方千米/年（表 2.1）。

表 2.1　长江源头不同时期湿地动态变化

湿地类型	1990—2000 年		2000—2004 年		1990—2004 年	
	面积（km^2）	斑块数（块）	面积（km^2）	斑块数（块）	面积（km^2）	斑块数（块）
沼泽	+332.22	+453	+119.73	−91	+451.95	+362
湖泊	−16.66	+57	+86.53	+7	+69.87	+64
河流	+37.67	+9	−226.83	+16	−189.16	+25
合计	+353.23		−20.57		332.66	

2.1.5　对冻土的影响

近几十年，受气候变暖影响青海多年冻土处于不断萎缩、季节冻土不断增加的退化趋势。20 世纪 80 年代至 21 世纪初的近 20 年，多年冻土相对面积减少 4.3%，约 3.1 万平方千米，相应的季节冻土面积增加 3.1 万平方千米。同时，季节冻土最大冻深自 20 世纪 70 年代开始出现变浅迹象，80 年代变浅趋势加剧，20 世纪 90 年代为近几十年最大冻深最浅的时期，冻土深度下界升高速率不断加快（图 2.4）。冻土退化还表现在冻结厚度下降、冻结日数缩短以及冻土下界上升、上限下降等方面（李林等，2005），特别是在多年冻土边缘不衔接或岛状冻土区发生比较明显的退化，这种现象在 20 世纪 80 年代后的快速升温过程中大量出现（张国胜等，2007）。

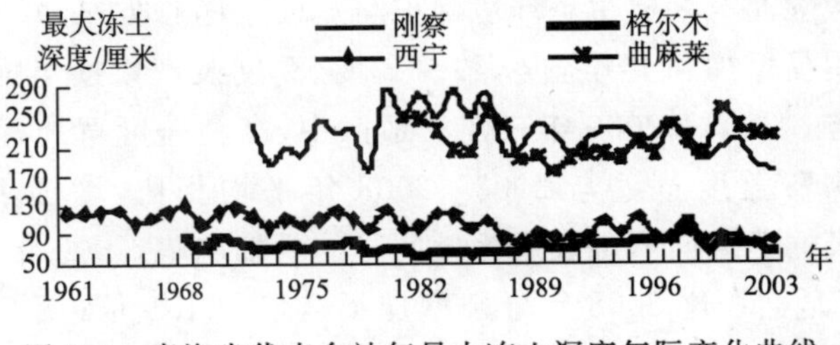

图 2.4　青海省代表台站年最大冻土深度年际变化曲线

2.2 气候变化对生态环境的影响

近几十年来，受人类活动和气候变化的共同影响，青海省生态环境呈现出土地沙化、草地退化和水土流失等退化现象。但近年来，随着三江源生态保护和建设工程的实施和降水量的增加，全省生态环境退化的趋势得到了初步遏制。

2.2.1 对土地沙化的影响

气候变暖变干以及气候变化引起的植被退化、覆盖率下降加速和土地沙漠化蔓延。近50年来青海省沙漠化面积总体呈增大趋势，1959年沙漠化土地面积596万公顷，20世纪80年代中期沙漠化土地面积增加至957.5万公顷，90年代中期增加到1255.8万公顷，2000年达到最大，为2220万公顷(图2.5)。进入21世纪后，随着部分地区降水量的增加，以及对生态恶化土地治理建设的大力实施，省内主要沙区沙漠化进程趋缓，沙漠化面积出现减少态势。2010年，全省沙化面积减少至1250.4万公顷，达到20世纪90年中期水平。同时，沙丘高度呈现出明显的减缓势头。2010年，共和、兴海、海晏三地沙丘高度普遍比2009年平均降低0.3～1.0米；但沙丘水平移动距离与近6年(2004—2009年)平均相比增大0.3～19.3米。

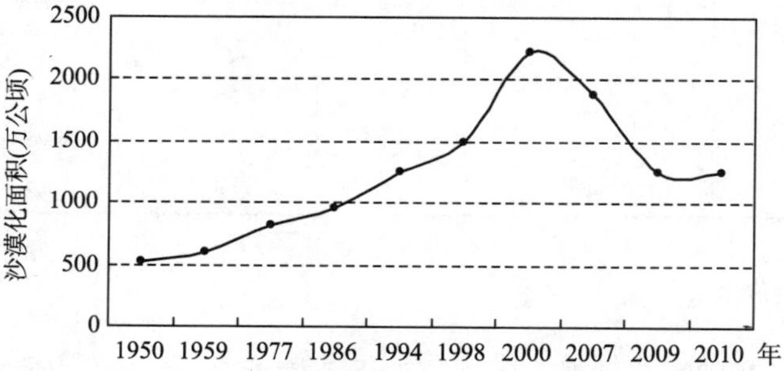

图2.5　1950—2010年青海省沙漠化发展趋势

2.2.2 对草地退化的影响

近几十年以来青海草地总体呈退化趋势，至2000年全省中度以上退化草地面积达1633.3万公顷，占可利用草地总面积的51.7%。其中，20世纪80年代以来三江源地区约50%～60%的草地出现了不同程度的退化，90年代与50年代相比单位面积产草量下降约30%～50%，有毒有害类杂草增加了20%～30%(陈全功，2007)。2003年后，随着降水增多、三江源自然保护区的成立及大规模生态环境保护与建设工程的实施，草地生态群落生产力、草地植被覆盖度表现出明显增加和上升态势，牧草盖度、高度及产量逐年增加，草地生态系统总体呈较明显的恢复趋势。2003—2009年三江源地区中、高覆盖度草地逐年增加，尤以高覆盖度增加明显，2009年高覆盖度草地与2003—2008年平均相比，增加了361.32万公顷(图2.6a)。同时，高产量级的草地面积也表现为较明显的增加趋势，2009年400～500千克/亩和500～600千克/亩的草地面积比2008年分别增加了2倍和1.3倍(图2.6b)。2010年，全省平均牧草产量为364千克/亩，最高产量为816千克/亩，与历年同期(2002—2009年)相比，全省各地平均牧草产量增长10.46～48.94千克/亩之间，牧草长势年景为“丰年”。

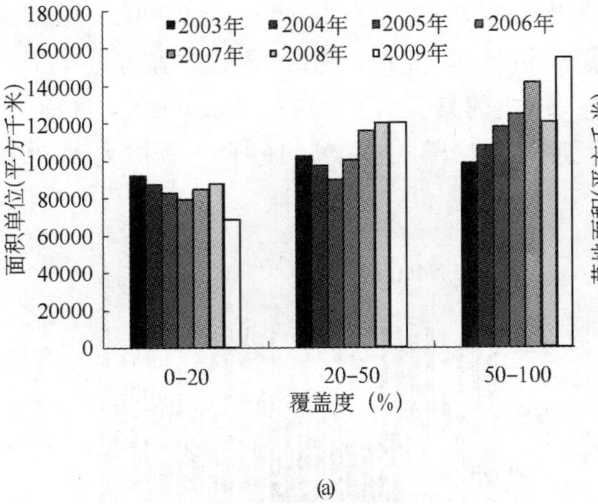

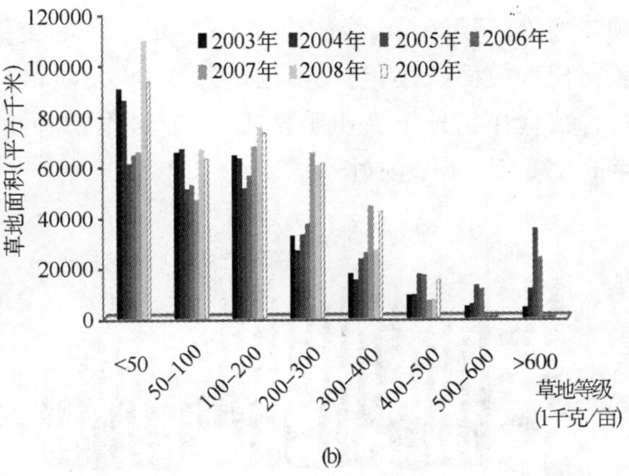

图 2.6　2003—2009 年三江源地区高中低覆盖度面积(a)、草地生产力(b)的变化趋势

2.2.3　对水土流失的影响

近几年,我省加快了水土流失防治步伐,加之大风日数明显减少和风速减小,风力对水土流失的作用力减小,降水增多使得植被退化趋势变缓,对水土流失的发生发展起到了一定的遏制作用。截至 2010 年,全省水土流失总面积控制在 35.18 万平方千米以内,三江源地区水土流失面积 95032.68 平方千米,其中水蚀面积较 2000 年减少 3309.08 平方千米,减少 1.3%;风蚀面积较 2000 年减少 1369.8 平方千米,减少 0.5%。2010 年,全省全年治理水土流失面积 136.6 平方千米,局部生态环境明显改善。

2.2.4　对生物多样性的影响

近几十年气候变化引起生态环境退化,加之人类活动的影响加剧,野生动植物生活环境明显恶化,分布区域显著缩小,生物物种资源急剧下降甚至趋于濒危。青海省境内受到威胁的生物物种约占 15%～20%,高于世界 10%～15%的平均水平。其中,雪豹、猞猁、藏原羚和盘羊等曾经在青海藏区广泛分布的物种,如今数量急剧减少而濒临灭绝。藏茵陈、雪莲、大黄、麻黄草等资源量急剧下降,生物物种分布范围逐渐缩小,种群数量降低(杨博辉等,2006)。

2.3　气候变化对农业的影响

青海省地处青藏高原东部,其农业区主要分为东部河湟谷地与柴达木盆地两个区域。热量条件不足、水分缺乏是影响东部农业区作物生长发育最主要的因子,柴达木盆地则为完全依赖灌溉的绿洲农业区。

2.3.1　对种植结构的影响

气候变暖,热量条件改善,有利于青海省农业品种布局和改进种植制度:一是促使部分农牧交错带逐步向地势较高的草原推进,宜农土地增多,提高了土地利用效率;二是大多数农作物的适宜种植面积有所扩大,特色经济作物种植面积不断增大;三是作物生育期延长,进一步提高了复种指数①。以 2008 年为例，循化县的薄皮核桃种植面积由 2003 年 2000 亩增加到 2008 年的 11500 亩，线椒由 2003 年的 13068 亩扩展到 2008 年 20010 亩；柴达木盆地春小麦垦区枸杞种植面积逐年扩大，已超过 4500 公顷，推广种植前景良好（吴广生等，2008）。目前，青海省粮食作物种植面积明显减少，油料作物种植面积从 1985 年的 95.19 千公顷扩大到 2010 年的 175.54 千公顷（图 2.7a）。

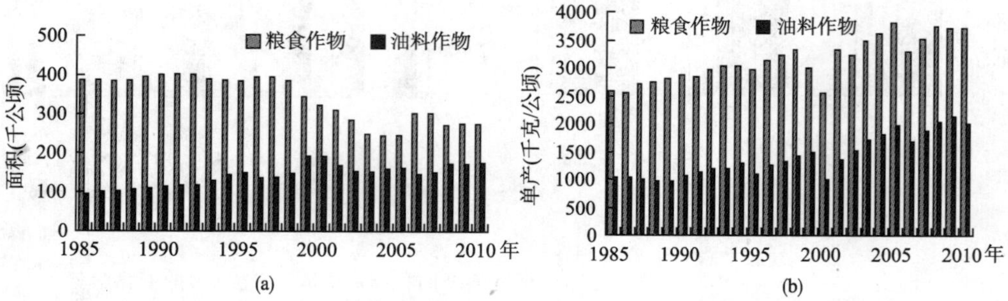

图 2.7 1985—2010 年青海省种植结构(a)及主要农作物单产(b)变化

2.3.2 对产量的影响

气候变暖，积温增多，有利于青海省作物生长季的延长、干物质的积累以及冬小麦的正常越冬和安全返青，加之近年来我省现代农业新技术与新品种的推广应用，粮食作物和油料作物产量逐年增大。粮食作物单产由 1985 年的 2595 千克/公顷提高到 2010 年的 3716 千克/公顷，油料作物单产由 1985 年的 1046 千克/公顷提高到 2010 年的 2012 千克/公顷（图 2.7b）。

2.3.3 对生育期的影响

由于气温升高，≥0℃、≥10℃活动积温明显增加，作物生长环境热量条件改变，农作物生长季延长，干旱区生长期长度每 10 年大约延长 1～4 天（孙杨等，2010），青海省农作物生长期变化趋势与其平均状况相似。小麦等春播作物播种期提前，作物生长发育速度加快，营养生长阶段缩短，成熟期明显提前，生育期缩短。如 2010 年，互助县春小麦播种期较 1990 年提前 5 天，成熟期提前了 7 天，全生育期缩短 2 天（图 2.8a）；油菜播种期提前了 8 天，成熟期提前了 14 天，全生育期缩短 6 天（图 2.8b）。

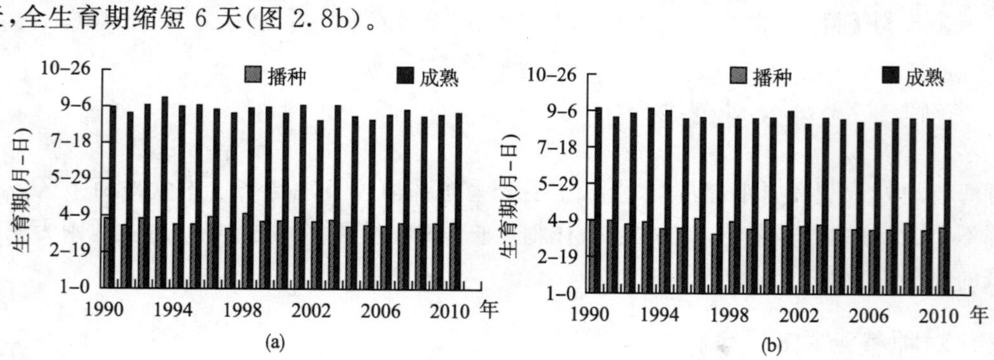

图 2.8 1990—2010 年青海省互助县春小麦(a)、油菜(b)播种期—成熟期日期变化

① 颜亮东. 2008. 气候变化背景下青海省农业结构调整方向研究. 青海省第二次农业普查科研项目研究报告.

2.3.4　对病虫害发生的影响

青海省秋、冬季气温增幅明显，有利于病虫害的越冬、繁殖，造成越冬虫源、菌源基数的增加，农作物、牧草病虫害的发育速度和繁殖指数加快，虫害越冬界限北移、迁飞危害范围扩大，农田、草场受害次数和程度不断增加，病虫害对农牧业生产的危害程度加重，农业成本和投资大幅度增加。如 2009 年 5 月，海东农业区麦蚜发生程度 1 级，发生面积 1000.0 公顷，黄条跳甲发生程度 1 级，发生面积 3086.7 公顷，小麦条锈病发生程度 1 级，发生面积 0.3 公顷，共造成 4087 公顷农作物受灾。

2.3.5　对农业气象灾害的影响

气候变暖使最低气温显著升高，极端低温事件变少，初霜日明显推迟，加之作物生长发育进程加快，早霜冻的危害明显减少；但因作物播种期提前，出苗、返青期随之提前，晚霜冻危害加重。气候变暖加剧了东部农业区干旱程度，旱灾损失加大。此外，气候变暖背景下，农作物的适应性减弱，脆弱性增大，冰雹、洪涝及其引发的山体滑坡、泥石流等灾害对农业的影响程度加大，造成的损失增加。如 2009 年 6 月，青海省东部农业区、海北及黄南南部地区共遭受冰雹灾害 15 起，冰雹使 26721.37 公顷农作物受灾，农作物成灾面积 1890.70 公顷，损失粮食 5103.34 万千克，共造成直接经济损失 17068.06 万元。

2.4　气候变化对牧业的影响

气候变化对青海牧业的影响主要表现在以下几方面：一是气候变暖使牧草返青期提前，黄枯期推后，牧草的整个生育期有所延长，大部分地区牧草生育期天数延长了 3～5 天，天然放牧时间延长，夏秋季草场利用时间延长。二是 21 世纪以来气温升高和降水增多使草场植被退化趋势趋缓，草地生产力增大，草场载畜能力提高。2010 年青海省天然草原平均鲜草产量 2532.27 千克/公顷，与上年相比增产 6%。三是气温上升有利于牲畜越冬，牲畜出栏率持续增长，幼畜死亡率有一定减少。2010 年我省牲畜出栏率和幼畜死亡率分别为 36.57% 和 2.41%，比 2001～2009 年平均值分别增加了 16.8% 和减少 3.9%（图 2.9）。四是雪灾等极端天气气候事件增多，造成牲畜因冻、饿而批量死亡的现象加剧。

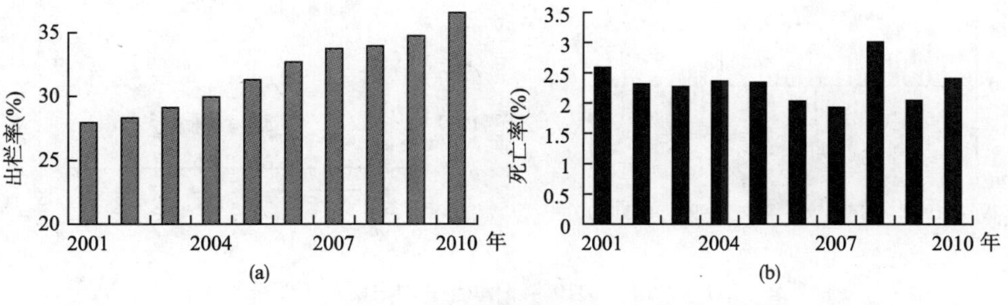

图 2.9　2001—2010 年来青海省牲畜出栏率(a)及成幼畜死亡率年际(b)变化

2.5 气候变化对林业的影响

受特殊自然条件限制，青海省森林生态系统对气候变化和人为干扰的抗逆性、承受能力相对较差，森林覆盖率明显低于全国平均水平。近年来，青海省主要林区气温明显升高，降水增加，林木的种植面积扩大、成活率高，成林面积大幅度提高。2010 年，青海省森林面积 370.01 万公顷，森林覆盖率为 5.23%，人均森林面积 0.68 公顷。其中，人工造林面积 33.72 千公顷，比 1978 年的 6.27 千公顷增加 27.45 千公顷，增长 4.4 倍①；2010 年全省新封山造林面积 84.09 千公顷，新育苗面积 0.9 千公顷。全省幼林抚育作业面积 51.34 千公顷，比 1978 年的 4.77 千公顷增加 46.57 千公顷，增长 9.8 倍(图 2.10)(青海省统计年鉴—2011)。但气候变化对森林类型分布也产生了负面影响，一些珍稀树种分布区缩小，森林火灾及病虫害发生的频率增加，强度趋强。

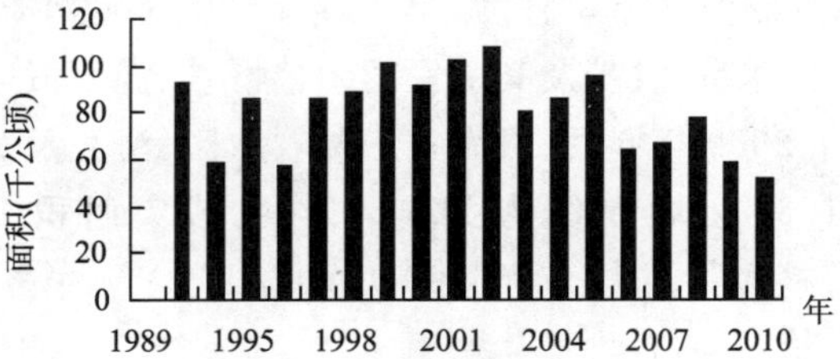

图 2.10 1990—2010 年青海省幼林抚育逐年作业面积

2.6 气候变化对能源的影响

气候变化对青海能源生产和消费已经产生直接影响。随着青海气候的显著变暖，冬季采暖期缩短，采暖能耗明显减少，夏季气温适宜，制冷能耗的需求增加很小，居民生活能源需求相对减少。1961—2010 年青海省平均采暖期以 2.7 天/10 年的速率减少，全省能源消费总量近年来虽有增加的趋势，但相对于能源生产总量相比，速率以每年 25 万吨标准煤的速率在减少，能源生产和消费结构逐步趋于合理(图 2.11)。

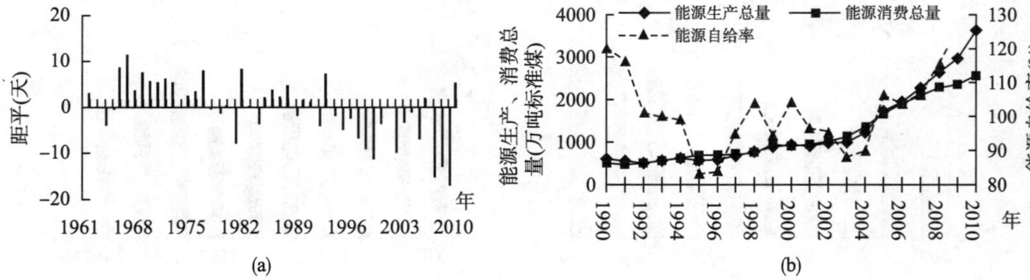

图 2.11 1961—2010 年青海省平均采暖期距平(a)
及 1990—2010 年青海省能源生产总量、消费总量及自给率(b)

---

① 青海省 2009 年国民经济和社会发展统计公报。

1961—2010 年黄河上游流量总体呈减少趋势，致使水力发电蓄水阶段性减少事件频繁发生、风险加大，水电供应受到明显影响。同时雷电、洪涝等极端天气气候事件的增多，频繁引发电力供应中断事件，致使电网传输维护和灾害防御等成本提高。

2.7　气候变化对人体健康的影响

气候变暖使青海极端低温天气日数减少，适宜温度天气日数增加，人体舒适天气日数明显增多，较舒服、舒服天数呈增加趋势，其中舒服天数以每 10 年 6.4 天的速度增加(图 2.12)。气候变暖，适宜户外运动天数增多，时间加长，有利于人体健康。风速变小、沙尘日数下降，降水增多，空气质量日趋好转，2002—2008 年全省轻度污染、中度污染、重度污染日数逐年减少。但 2009 年、2010 年，受大风或沙尘天气的影响，省会西宁市空气污染天数比 2008 年分别增加了 9 天和 16 天。气候变暖还使与寒冷有关的疾病发病数及发生程度减少。

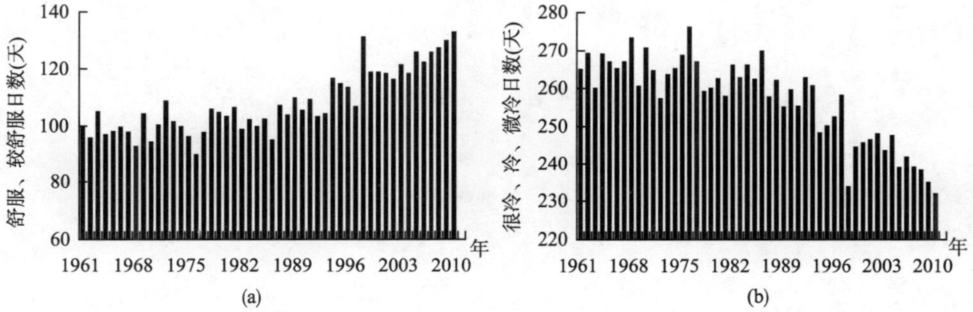

图 2.12　1961—2010 年青海省人体舒适度变化

受气温显著增暖以及大气中温室气体、水汽含量增加的影响，青海省平均大气含氧量呈微弱减少趋势，1961—2010 年平均每 10 年减少率约 0.33 克/立方米。气候变暖改善蚊虫等虫豸在高原的生态环境，使蚊虫一年四季均有存在，也有利于有害病菌的越冬，增大了传染性疾病传播的可能性。

2.8　气候变化对重大工程的影响

气候变化对青海重大工程的影响主要表现为：一是冰雪、雷暴、洪涝及泥石流、山体滑坡等极端气候事件的增多对重大工程建设和安全运行增加了危害；二是气温上升导致多年冻土大面积退化，冻胀、融沉作用加强，青藏公路、青藏铁路等重大工程维护成本增大；三是气候变暖使施工期延长，有利于重大工程建设施工进度的加快和工程质量的提高；四是气温升高、降水量增加有助于森林、草地生态系统的恢复和建设，对于三江源生态保护与建设工程、退牧还草(林)和天然林保护工程的实施产生积极的影响。

2.9　气候变化对旅游业的影响

气候变暖明显延长青海地区年旅游季的时间长度，并使适宜户外活动时间向两端延伸，旅游旺季由以前的 4 个月延长到 6 个月，人体适应性提高，高原避暑消夏的优势进一步显现，冰雪旅游、探险旅游、原生态自助旅游等资源的挖掘余地明显增大，推动了青海省生态旅游、健康旅游和特色旅游的发展，旅游业呈现增长态势。2001 年以来，赴青海省旅游人数总体呈上升趋势，旅游收入呈明显增加态势，接待游客数量由 2001 年的不足 400 万人次上升到 2010 年的 1226 万人次，增加约 3.1 倍，旅游总收入由 2001 年的近 12 亿元增长到 2010 年的 71 亿元，增长近 5.9 倍(图 2.13)。

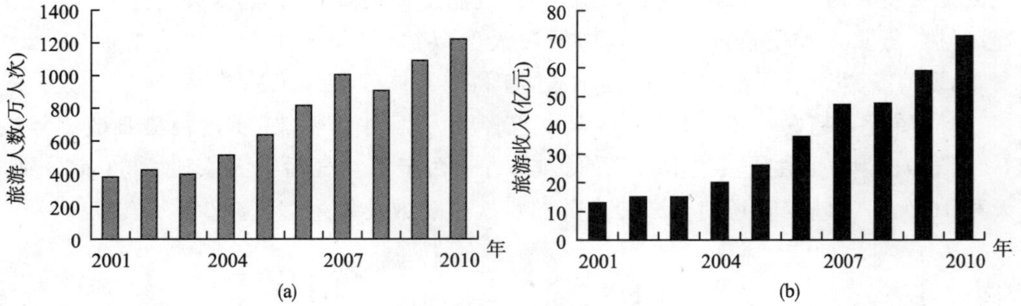

图 2.13　2001—2010 年青海省旅游人数(a)及旅游收入(b)年际变化

第 3 章　应对措施与评价

3.1　水资源保护与开发利用

近年来，青海省通过引大济湟工程、重点水源工程、黄河沿岸水利综合开发、农牧区饮水安全工程、灌区续建配套与节水改造工程、病险水库除险加固、中小河流综合治理、防洪及农村水电电气化工程、高标准农田水利设施和高效节水灌溉设施建设、三江源地区及东部农业区人工增雨工程以及东部黄土高原、三江源地区、环青海湖、祁连山南麓、柴达木地区等重点区域水土保持综合治理工程等的实施，努力实现对水资源的科学配置、高效利用和有效保护，取得了显著的经济和社会效益。

青海省不断加大水利基础设施建设力度，已建成 6658 项水利工程，形成水利固定资产 50 多亿元，年供水能力 34 亿立方米。到 2008 年底，除黄河干流上大中型水电站水库外，省内共建成水库 152 座，总库容 7.87 亿立方米，农田有效灌溉面积达 251 多千公顷，其中节水灌溉面积 70 多千公顷。累计治理水土流失面积 790 多千公顷，综合治理小流域 329 条，建设淤地坝 352 座，建设各类水土保持工程近 2 万多项，累计解决了 300 多万人、1000 多万头（只）牲畜的饮水困难问题①。通过水利工程的实施，在抗御水旱灾害，保障工农业生产和人民生命财产安全，促进经济社会持续快速发展方面发挥了重要作用。

青海省加大节水型社会建设力度。其中，西宁市开展节水型社会建设试点工作，已经取得了比较好的效果，到 2009 年底，全市万元 GDP 取水量下降到 143.58 立方米，万元工业增加值取水量下降到 110.9 立方米，与 2005 年相比，分别降低了 56.3%和 56.8%。一般工业用水重复利用率提高到 67.24%，农田灌溉水有效利用系数提高了 22.8%，城镇污水处理率达到 71%以上，地下水饮用水源水质达标率为 99.9%②。格尔木市也于 2010 年 4 月正式启动节水型社会建设试点工作，对进一步提高柴达木地区水资源利用效率，改善生态环境，促进区域经济发展具有重要意义。另外，青海省大力开发利用空中水资源，三江源人工增雨及东部农业区人工增雨效果显著，增雨也逐步由过去的单纯抗旱向抗旱、增蓄、生态恢复治理、水资源开发综合利用转变。

通过水资源保护与开发利用一系列措施的实施，水资源开发利用率逐步提高，然而单位面积产水不足、水资源时空分布不均以及与生产力布局不相匹配，干旱缺水的基本水情仍将长期

---

① 青海水利. 青海省已建成 6658 项水利工程. http://www.qhsl.gov.cn/Html/shouyetuijianxinwen/2009－9/24/151921797.asp. 2009－9－24.

② 3 青海水利. 西宁市节水型社会建设成效显著. http://www.qhsl.gov.cn/Html/shouyetuijianxinwen/2010－2/4/115745294.asp. 2010－2－4.

存在。今后应进一步坚持开源与节流并举，加快水资源利用方式的转变，从而提高水资源领域适应气候变化的能力和水平。

3.2　生态环境保护和建设

青海省坚持生态立省战略，着力推动绿色发展。在生态脆弱区，采取“退、保、管、治、移”综合措施，大力推进生态保护治理和建设重点项目，通过天然林资源保护、退耕还林、退牧还草、“三北”防护林体系建设、野生动植物保护及自然保护区建设、湿地保护与恢复等一系列重大工程的实施，使得三江源区、青海湖流域、柴达木盆地、东部干旱山区、祁连山山地等区域的生态环境治理工作都得到了不同程度的加强。

三江源生态保护和建设工程中通过实施退牧还草、灭鼠灭虫、黑土滩治理、生态移民、建设养畜、湿地保护等措施，使项目区生态退化趋势得到遏制，水源涵养功能初步恢复。青海省水资源状况不断好转，青海湖、扎陵湖、鄂陵湖的生态状况在国际重要湿地评价中被评为优等。

通过加大基础设施建设，完善组织管理体系，努力提高科技支撑能力等，青海省加强了对青海湖流域的生态环境保护力度。在此基础上，2003 年制定并实施《青海湖流域生态环境保护条例》，2008 年启动实施青海湖流域生态环境保护与综合治理项目。一系列措施的有效实施使得青海湖地区的生态状况逐步得到好转，2009 年在国际重要湿地评价中被评为优等。

在荒漠化治理中，以综合防治为手段，按照“保护先行，以防为主，防治并重”的原则，进一步加大了荒漠化治理力度，突出了柴达木盆地、环青海湖地区、龙羊峡库区防沙治沙工作，通过努力，全省荒漠化和土地沙化速率有所减缓，扩展趋势得到有效控制。林业生态体系建设依据流域管理的思想，按照“南封、北育、西治、东造”的方针、建设“四大生态圈”的生态建设布局，积极组织开展造林绿化工作。据第六次全国森林资源清查（1999—2003 年）资料显示，青海省森林面积达到 317.2 万公顷，森林覆盖率为 5.2%，森林蓄积量为 3592.6 亿立方米。截至 2008 年，通过签订管护责任书、完善奖惩制度等，确保了全省 2975 万亩天然林资源得到有效保护①。青海省 2010 年国民经济和社会发展统计公报显示，截止 2010 年末全省森林面积达 370.01 万公顷，人均森林面积 0.68 公顷。退耕还林（草）工程实施以来，截至 2007 年底，全省累计完成退耕地造林 19.33 万公顷，荒山荒地造林 37.8 万公顷，封山育林 4.33 万公顷，退耕地种草 1.93 万公顷②。

青海省的生态保护与建设工作取得了初步成效，但是由于气候变化导致的局部地区生态环境建设难度加大，部分地区滥牧、滥垦、滥挖现象还没有得到根本遏制，人民群众生态保护意识还需要进一步加强，生态环境建设与保护的法律法规和政策措施还需要进一步完善。青海省生态立省战略的实施是一个长期的过程，在不断建设的同时应积极努力巩固所取得的成果，生态环境建设才会取得更大的成果。

---

① 青海林业信息网．认清新形势，抢抓新机遇，在新的起点上努力把高原现代林业建设推向科学发展新阶段．http://www.qhlyj.gov.cn/Item/Show.asp? m=1&d=6967．2009-3-5.

② 青海省统计局．环境保护事业取得新成就．http://www.qhtjj.gov.cn/rdzt/tjbg/200911/t20091118_26811.asp．2009-11-18.

3.3 农业基础建设与适应技术

针对气候变暖对全省农业带来的影响，全省各地区充分利用农业气候资源，加大了农业产业结构调整，积极发展设施农业、节水农业，加强了适应气候变化农业优良品种的培育，加大了农业病虫害的防治力度，农业生产取得了较大发展。

全省各地高度重视粮食生产，充分利用耕地资源，种植业内部结构调整趋于合理。在粮食作物在播种面积有所减少的情况下，总产量仍然逐年增加。2008年全省粮食作物播种面积为271.99千公顷，比1978年减少162.77千公顷，2008年粮食总产量为101.8万吨，比1978年的90.3万吨增加11.5万吨，增长12.7%。油料作物播种面积不断增加，2008年全省油料播种面积172.73千公顷，比1978年增加111.55千公顷，增长1.8倍[①]。进入21世纪以来，全省各地坚持因地制宜、分类指导的原则，有效地推动了优势产业的发展。全省围绕油菜、马铃薯、蚕豆、蔬菜、中藏药材、特色果品等特色产业，积极培育“一村一品”。截至2009年，已初步形成了648个“一村一品”特色专业村，特色作物种植比重达到76.6%[②]。

针对气候变暖对农业造成的用水紧张等问题，全省积极发展节水农业，努力提高农业水分利用效率。海东地区大力发展农业节水灌溉，全区亩均灌溉用水量由2005年的300立方米下降到2008年的280立方米；灌溉水利用系数由2005年的0.35提高到2008年的0.45；2008年农业节水量达2740万立方米，为全区调整农业产业结构、发展优势特色农业战略的顺利实施提供了有力保障。海东地区各县还大力推广以全膜覆盖技术为主的旱作节水农业，有效解决了“集雨、保墒、增温”三大问题，实现了由被动抗旱向主动抗旱、由传统抗旱向科技抗旱的转变，使之成为浅山干旱山区农业增效、农民增收的一条新路子[③]。

另外，全省通过大力发展现代农业科技创新体系，利用国家、省及地区各类农业科技计划项目的实施，不断培育和推广适应当前气候条件下的农作物新品种，发展新的农业耕作、栽培措施，开展农业气候资源区划、农业气象灾害影响评估分析及防御措施研究、农作物病虫害发生发展规律研究等，提高了全省农业适应气候变化的能力，有力促进了农业增效、农民增收。

由于农业受到天气气候条件的影响很大，未来气候变化会导致农业生产的不稳定性增加，因此，需不断调整农业基础建设与有关技术措施，以便更好地适应未来气候变化对农业带来的可能影响，促进我省农业产业健康稳定发展。

3.4 牧业基础建设与适应技术

为适应气候变化对畜牧业造成的影响，青海省积极发展生态畜牧业，以保护草原生态环境

① 青海省统计信息网. 改革开放30年青海农业农村经济发展实现大跨越. http://www.qhtjj.gov.cn/rdzt/tjbg/200911/t20091118_26768.asp. 2009－11－18.

② 青海农牧业信息网. 我省加快发展“一村一品”特色专业村. http://www.qhagri.gov.cn/Html/2009_12_23/2_1916_2009_12_23_74732.html. 2009－12－23.

③ 青海水利. 海东地区重视设施农业节水灌溉工作. http://www.qhsl.gov.cn/Html/shouyetuijianxinwen/2009－12/7/101514803.asp. 2009－12－7.

为前提，以科学合理利用草原资源为基础，以推进草畜平衡为核心，以转变生产经营方式为关键，以实现人与自然和谐为目标，将畜牧业发展与保护生态环境有机结合起来，通过转变畜牧业生产和经营方式，大力发展人工草场建设，改善畜牧业基础设施条件，优化畜种畜群结构，加强畜种引进与改良，提高草原病虫鼠害的防治等，全省畜牧业生产获得持续、稳定发展。

青海省草原建设稳步推进，为促进生态畜牧业的发展提供了有力保障。“十五”期间全省通过补播、施肥、围栏封育、灌溉等综合措施，共改良天然草地 264.86 万公顷。通过化学、生物等多种手段防治鼠害 933 万公顷，防治草原虫害 100.93 万公顷[①]。2005 年开始实施的三江源自然保护区生态保护和建设工程，通过退牧还草和移民搬迁等，截至 2007 年已累计完成禁牧还草面积 5266 万亩，三江源地区草场退化的势头已初步得到遏制，草地可持续利用能力不断提高[②]。

为大力改善畜牧业基础条件，青海省推广了以牲畜暖棚、草地围栏、牧民定居房屋、人工种草为主要内容的“四配套”基础设施建设。“十五”期间全省共新建畜棚 363.45 万平方米，畜棚累计总面积达 952.28 万平方米；建设围栏 127.39 万公顷，草地围栏累计达 447 万公顷；定居牧户 112695 户，牧民定居户数占总牧户数的 80%；累计人工草地保留面积达 30 万公顷[③]。以上措施的实施带动了全省畜牧业的良性发展，产生了巨大的经济、社会及生态效益。

在草地畜牧业的发展进程中，全省始终坚持“科教兴牧”战略，按照“实际、实用、实效”的原则，在积极开展科学研究和试验示范工作的基础上，加大畜牧业科技成果的推广和转化。通过科学改良及选育，一大批适合本省气候环境特点的优良牧草及牲畜品种得到推广和利用，极大地提高了畜牧业生产能力。各地推广季节性畜牧业生产和牧区繁殖、农区育肥的科学养畜技术，从而加快了畜群周转，降低了牲畜损亡率。

针对气候变化及气象灾害对畜牧业带来的影响，通过开展气候变化对牧业的影响评估分析，及时发布气象灾害预警等手段，减小和避免了气象灾害对畜牧业带来的损失，取得了良好的经济效益。

我省的畜牧业发展总体上科技支撑能力还不是很强，草地生态保护和建设的任务依然艰巨，农牧民应对气候变化和防灾减灾的意识有待进一步提高，未来应进一步加强畜牧业基础建设，促进畜牧业适应技术开发与成果转化，加大应对气候变化宣传力度，以更好地促进全省畜牧业快速健康发展。

3.5 能源生产与消费

随着经济社会的快速发展，国家及各地区对能源的需求持续、快速增长，青海省 1990—2009 年间每年能源生产及消费总量的平均增长速度分别达到了 111.1 和 97.6 万吨标准煤(青海省统计年鉴—2011)。为满足社会生产生活对能源的需求，同时为适应全球气候变暖带来的不利影响，青海省以节能降耗为重要抓手和突破口，着力淘汰落后产能，推进节能降耗重

---

① 青海省农牧厅. 青海省草业发展十一五规划. 2006.

② 青海农牧业信息网. 青海三江源地区 5000 多万亩草原实现退牧还草. http://www.qhagri.gov.cn/Html/2007_05_11/2_2208_2007_05_11_25190.html . 2007－5－11.

③ 青海省农牧厅. 青海省草业发展十一五规划. 2006.

点项目建设，强化重点企业监督管理，加快资源节约型、环境友好型社会建设，节能降耗工作取得了明显成效。从能源消费情况看，能源利用效率逐步提高，能源消费结构不断优化，单位GDP能耗逐年下降。"十一五"期间，青海省单位GDP能耗下降17.04%，年均下降3.67%；其中规模以上工业单位增加值能耗下降24.72%，年均下降5.52%(王文虎等，2009)。青海省建筑节能方面也取得了新成效，2008年重点加大了对建筑设计、施工、验收环节的标准实施力度，全省城镇新建民用建筑执行建筑节能设计标准的比例达到80%以上。

青海省水电、太阳能、风能等资源丰富，开发潜力巨大。近年来，全省加大了能源结构优化调整的力度，积极开展水电、风能、太阳能、生物质能等可再生能源的开发利用，取得了很大成绩。2007年底，青海省水电主电网装机583万千瓦，其中黄河干流500万千瓦、其余河流83万千瓦；太阳光伏电站装机约6000千瓦，暖房、太阳灶、太阳能热水器等太阳能集热利用方式得到较大发展；全省建成8.6万座沼气池，日产沼气9万立方米，年产沼气总量3200万立方米，生物质能在家庭用能结构中比重约占60%(杨炯学，2008)。风能资源尚处于开发利用的初级阶段，目前正积极开展全省风能资源详查和评价等工作，将为今后规模化发展风能产业提供有力科技支撑。

通过提高传统能源使用效率，积极开发可再生能源，青海省能源生产与消费领域适应气候变化的能力逐步提高。但由于受长期以来形成的以重工业及高耗能工业为主的工业格局的限制，青海省现有工业企业能耗水平偏高，节能降耗面临的产业和产品结构矛盾比较突出，可再生能源规模化利用程度偏低，能源生产与消费结构有待进一步提高。

第4章　未来气候变化预估及可能影响与对策

4.1　未来气候变化

4.1.1　全球气候的未来变化趋势

从集合平均的全球平均表面气温来看，AR4(《气候变化 2007：联合国政府间气候变化专门委员会第四次评估报告》，简称为“IPCC 第四次评估报告”或“AR4”报告)给出的气温模拟结果与第三次评估报告(TAR)十分接近(TAR 使用 35 种温室气体排放前景，不同模式给出的 1990—2100 年全球平均地表温度的增加范围为 1.4～5.8 ℃)。利用我国的气候系统模式 BCC—CSM1.0 所预估的 21 世纪全球平均气温仍然是增温的趋势，所模拟的振幅与 IPCC AR4 多模式平均值相当，在温室气体低排放情景 B1 情况下，所模拟的全球平均温度 100 年约增加 1.8 ℃，在中等排放情景 A1B 下，未来 100 年约升温 2.4 ℃，而在 B2 高排放情景下，全球平均气温升温可达 3.2 ℃。

在全球变暖的背景下，AR4 大多数模式模拟的全球平均降水量增加，但与气温不同的是，模式之间的离差很大，但是多数模式模拟的全球平均降水还是表现为略微增加的趋势。

4.1.2　中国气候的未来变化趋势

无论是全球还是区域模式，所模拟出的未来各月气温都为增加，年平均增加值接近，分别为 3.7 ℃和 3.5 ℃，但在年内增温分布有所不同。全球模式模拟的冬季增温特别是在 1、2 月份最明显，区域模式模拟的增温除冬季外，在夏季也很明显。

根据中国科学家建立和发展的全球气候模式与中国区域气候模式的预估结果，21 世纪中国气温将继续明显变暖，到 2020 年中国的气温平均上升 1.3～2.1 ℃，到 2030 年中国气温将可能升温 1.5～2.8 ℃，2050 年将升温 2.3～3.3 ℃，到 2100 年升温将达到 3.9～6.0 ℃(秦大河，2005)。

全球模式模拟的降水各月均有增加，年平均增加值为 11.3%，增加百分率最多的是冬季的 12 月份，最少的为夏季的 6 月份，总体来看，降水增加在秋冬季较为明显。区域气候模式模拟的中国区域降水的总趋势也是增加的，但幅度要小，年平均增加值为 5.5%，增加最大的时段为 9 月至 12 月，其中 12 月份的增加比例是全年最高的，为 23.6%，另一增加较多的时段为春季的 3、4 月份，但夏季 3 个月降水将减少。

4.1.3　青海省气候的未来变化趋势

4.1.3.1　气温变化趋势

利用国家气候中心 2009 年 11 月发布的中国地区气候变化预估数据集(2.0 版本)，分析在未来温室气体中等排放情景下(SRESA1B 情景)青海省气候变化趋势。2001—2100 年青海省各地气温均呈明显的增加趋势，全省平均增温率为 4.09 ℃/100 年，除东部农业区和环青海湖地区增温相对较小，在每 100 年 3.5～4.0 ℃之间外，其余地区增温率均在每 100 年4.0 ℃以上。四季中，以冬季增温率最大为每 100 年 4.33 ℃，春季最小为每 100 年 3.97 ℃，夏季和秋季分别为每 100 年 4.02 ℃和 4.04 ℃（图 4.1）。

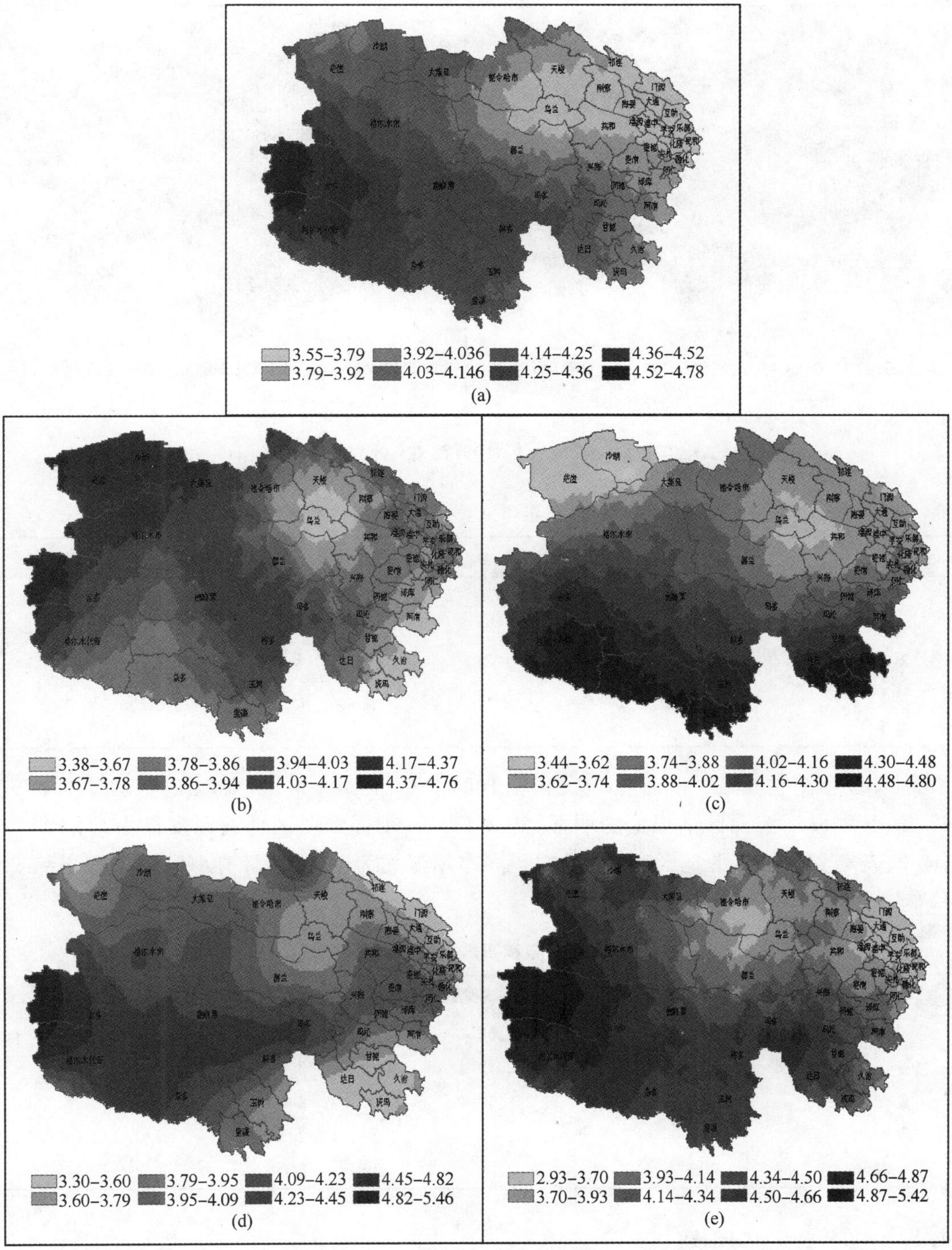

图 4.1　2001—2100 年青海省年(a)、春季(b)、夏季(c)、秋季(d)和冬季(e)平均气温变化率(℃/100 年)

与气候基准年(1961—1990 年)相比,2020 年全省年平均气温升高 1.44 ℃,其中以三江源地区升高幅度最大,为 1.48 ℃,其次为柴达木盆地和环青海湖地区,升高幅度分别为 1.46 ℃和1.44 ℃,东部农业区升高幅度最小,为 1.38 ℃(图 4.2、表 4.1)。除东部农业区外,其余地区均以冬季升温最为明显;除三江源地区外,其余地区均以夏季升温幅度最小(表 4.1)。

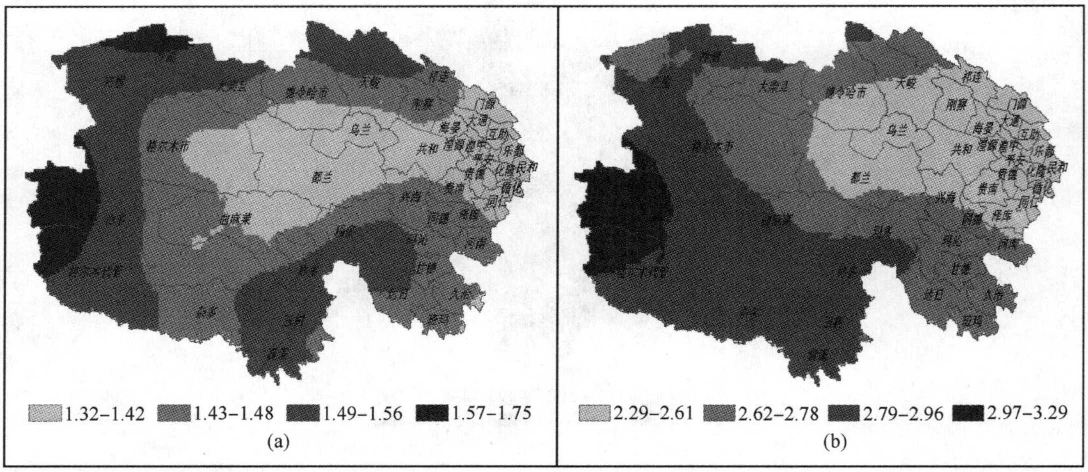

图 4.2　2020 年(a)、2050 年(b)青海省年平均气温距平图(℃)

表 4.1　2020 年年和四季平均气温距平值(℃)

时段	东部农业区	环青海湖地区	柴达木盆地	三江源地区
年	1.38	1.44	1.46	1.48
春季	1.32	1.39	1.51	1.38
夏季	1.25	1.25	1.31	1.39
秋季	1.49	1.49	1.36	1.51
冬季	1.43	1.64	1.63	1.65

到 2050 年全省气温明显升高,与气候基准年(1961—1990 年)相比,全省平均升温幅度为 2.63 ℃,其中以三江源区增温最为明显,达 2.83 ℃,东部农业区增温幅度最小,为 2.44 ℃(图 4.2、表 4.2)。三江源地区和柴达木盆地冬季增温尤为明显,而环青海湖地区和东部农业区秋季增温显著(表 4.2)。

表 4.2　2050 年年和四季平均气温距平值(℃)

时段	东部农业区	环青海湖地区	柴达木盆地	三江源地区
年	2.44	2.56	2.70	2.83
春季	2.49	2.50	2.79	2.64
夏季	2.51	2.52	2.64	2.91
秋季	2.59	2.63	2.58	2.79
冬季	2.16	2.54	2.80	2.97

4.1.3.2　降水变化趋势

2001—2100 年青海省年降水量呈增多趋势,全省平均变化率为 62.63 毫米/100 年,在东北部地区年降水量变化趋势最为明显，大部分地区都在 88.7 毫米/100 年以上，西南部变率相对较小，在 33.1～59.6 毫米/100 年之间(图 4.3)。

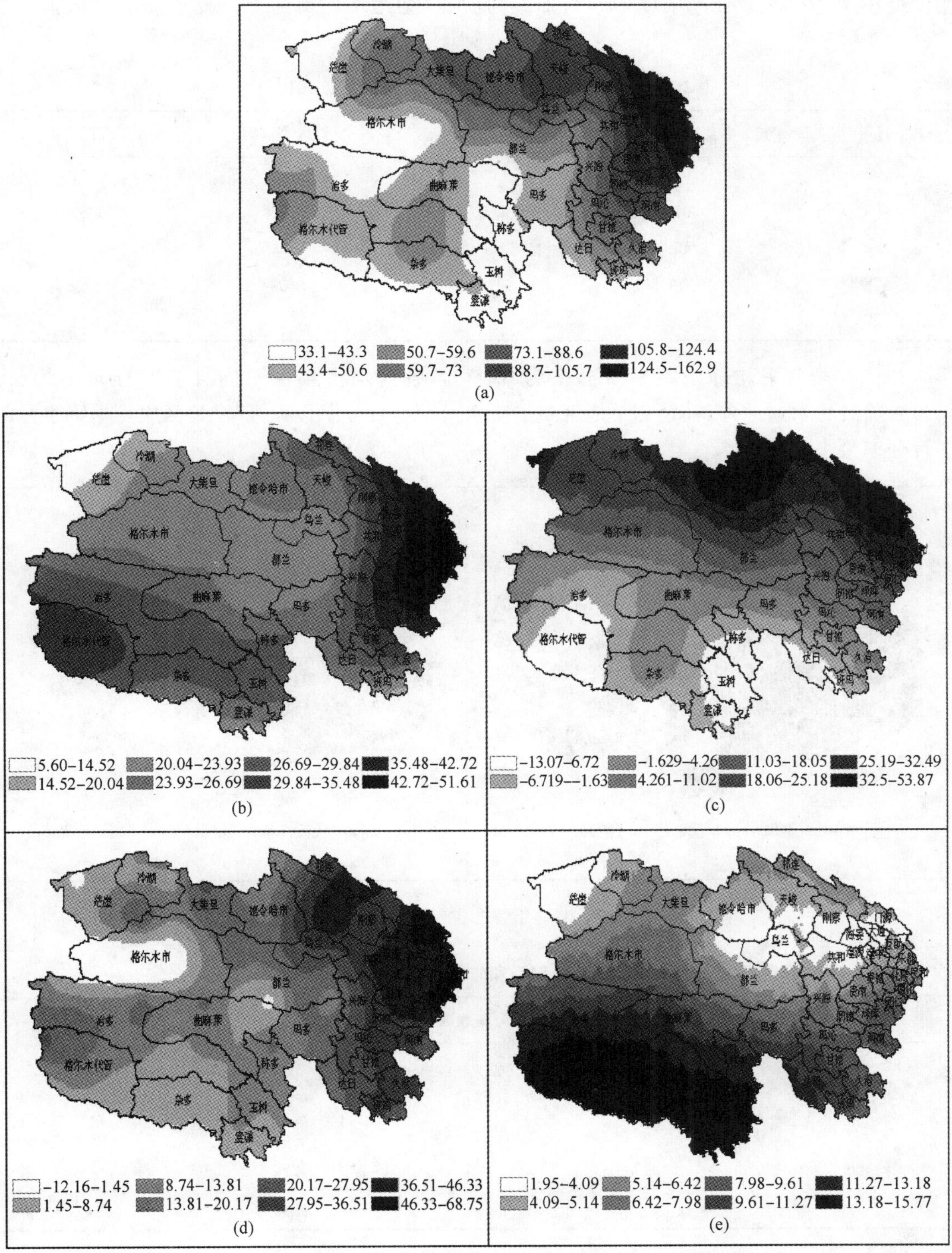

图 4.3　2001—2100 年青海省年(a)、春季(b)、夏季(c)、秋季(d)和冬季(e)降水变化率(毫米/100 年)

与气候基准年相比，2020 年全省平均降水距平百分率为 4.18%，增加幅度呈西多东少的趋势（图 4.4、表 4.3）。柴达木盆地降水距平百分率最大为 5.20%，而东部农业区降水量增加幅度最小为 2.90%。四季中以冬季增加最为明显（柴达木盆地除外），夏季降水量增幅最小（表 4.3）。

表 4.3　2020 年四季和年降水量距平百分率（%）

时段	东部农业区	环青海湖地区	柴达木盆地	三江源地区
春季	7.92	6.87	7.44	4.61
夏季	0.01	1.60	4.33	3.80
秋季	1.45	2.80	3.96	5.38
冬季	19.18	14.00	3.56	10.56
年	2.90	3.47	5.20	5.15

2050 年全省平均降水距平百分率为 8.75%，各地增多幅度不同且空间分布不均（图 4.4）。除柴达木盆地外，其余三个地区冬季降水量距平百分率最大，四个地区中夏季降水量距平百分率最小（表 4.4）。

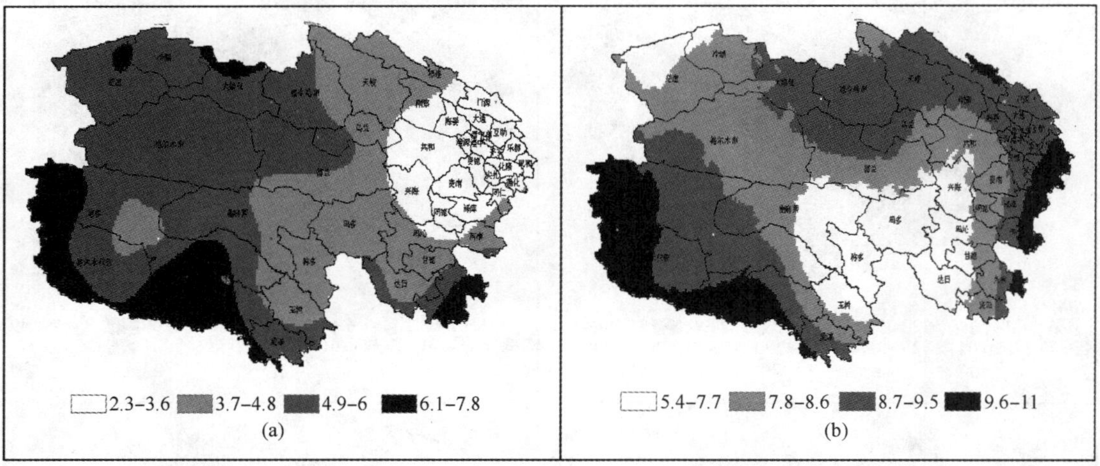

图 4.4　2020 年、2050 年青海省年降水距平百分率（%）图

表 4.4　2050 年四季和年降水量距平百分率（%）

时段	东部农业区	环青海湖地区	柴达木盆地	三江源地区
春季	19.25	16.22	13.00	10.54
夏季	3.84	5.12	6.13	2.42
秋季	9.69	7.89	7.53	8.86
冬季	22.67	17.04	7.73	17.57
年	9.42	8.69	8.40	8.47

4.2　未来气候变化可能的影响及其对策

4.2.1　对水资源的可能影响及其对策

未来 50～100 年青海省气候变暖的趋势进一步加剧，高原积雪、冰川面积的进一步缩小将对青海省水资源产生较大的影响：一是未来黄河上游、湟水河流域多年平均径流量可能明显减少，在柴达木盆地东部可能显著增加，洪涝和干旱灾害发生的概率可能增大；二是青海省主要农业种植区和人口密集地区水资源短缺形势依然严峻，特别是东部农业区的人均水资源短缺矛盾可能加剧①。

长江源青藏公路沿线冻土各区域带到 2099 年极稳定带分布面积由 2000 年的 5.59%减少到 0.65%，稳定带分布面积由现在的占 16.32%减少到 3.2%，亚稳定带由现在的 25.5%减少到 17.43%，以上三带的空间面积在减少，分布界线向更高的海拔高度迁移（沈永平等，2002）。

借助于全球气候模式（德国 MPI ECHAM510）输出信息和流域最近 40 年的气象观测资料，预估了未来 30 年青海湖湖泊水文变化情景。结果表明，青海湖水位的未来变化将经历缓慢下降、逐渐回升、稳步升高 3 个阶段，到 2030 年，湖泊水位将达到 3195.4 m 左右，高出目前水位约 2.2 米，面积接近 4500 平方千米，蓄水量达到 813 亿立方米，湖泊恢复到了 20 世纪 70 年代初的水平，预计这一结果将会缓解目前青海湖流域水资源紧缺的格局（刘吉峰等，2008）。

针对未来气候变化对水资源的可能影响，我省应加强水资源优化配置与合理调控，建设节水型水资源利用体系，加强旱涝灾害的监测预报及预防，大力推广应用水资源及生态修复、水资源保护与生态修复、水土流失防治、农村牧区饮水安全、特色农业高效节水和空中水资源开发利用等关键技术，切实提高水资源利用率，确保水资源安全。

4.2.2　对生态环境的可能影响及其对策

在未来气候变暖背景下，青海省干旱半干旱地区草本植被物种特别是草地，容易从群落组成中被干燥地带耐旱的植被灌丛或半灌木植被所代替（Li 等，2006）。草地退化将引起草地群落优势种和建群种缺失明显，使生物丰度和多样性下降。气候变暖还将导致大量生物物种由于不能适应新的环境而消亡或迁移，气候暖干化使地表水资源日益匮乏，湿地面积缩小，直接影响湿地生态系统，并促使农业灌溉需水量不断增加，自然生态系统受到严重威胁，并步入恶性循环，植被退化、覆盖率减少，区域地表沙漠化和荒漠化的加速。地表特征的改变在影响气候的同时，气候系统对地表特征的反馈作用又会进一步加剧地表沙漠和荒漠化速度（徐兴奎等，2007）。气候变暖、冰川消融加剧、草地退化等环境要素变化，使得湖泊、河流、沼泽等正常演变规律遭到破坏，年际波动振幅加大，生态系统脆弱性加大、功能衰退，这些影响均可能导致自然生态系统的稳定性面临风险。

对此，青海省应加强退化草地生态系统恢复重建、高原湿地生态系统保护和恢复建设、天然林资源保护，不断提高土地沙漠化防治技术，优化不同区域典型生态系统生态服务功能保护

---

① 青海省应对气候变化方案，2008 年由青海省人民政府颁布实施。

与维持综合治理模式，做好农牧业精细化气候区划，合理、科学地利用自然资源，有效保护生态环境。

4.2.3 对农业的可能影响及其对策

农业作为青海省的弱势产业，受气候变暖的影响最为直接，未来青海省持续增暖情况下，特别是冬季最冷月平均气温、最低气温升高，农耕期积温增多，热量资源增加，作物生长季延长，有利于冬小麦等喜温作物面积扩大和复种指数的提高。但同时气候变化可能导致春小麦产量下降，农业气象灾害频发，传统农作物适应性降低，特色农作物品质可能有所下降，农业用水供需矛盾可能进一步加剧。气候变暖，作物将不同程度地受到高温热害的影响，同时还会使昆虫繁衍代数增加，特别是冬季变暖有利于幼虫安全过冬，农业病虫害的分布区会扩大，影响农作物的生长。

青海各地在气温升高 2 ℃，降水增加 10%后，日平均气温稳定通过各界限温度期间的积温将增加 380 ℃左右，所对应的持续天数约增加 20 天。其结果会导致青海省种植业特别是经济作物面积扩大，并向高海拔地带延伸，林线上升。但气候变暖的同时，地表蒸发的加大远比降水的增加来得快，导致青海省各地干旱加剧(李英年等，1999)。

未来气候变化对农业可能产生不同的影响，应加强气候资源的合理开发与利用，提高农业气象灾害的监测预警水平，趋利避害，提高作物复种指数，培育或选种耐高温、抗病虫害、抗干旱的优质高产品种，加强农业适应气候变化适用技术的试验、示范和推广应用，减少农业的脆弱性，增强农业适应气候变化的能力。

4.2.4 对牧业的可能影响及其对策

尽管未来 50 年青海省降水量有所增加，但由于降水总量较小，降水量增多的绝对量不大，且随着气温不断升高干燥度将继续加大，因此未来气候变化对青海省牧业的影响不容乐观。青海省高寒草甸草场对气候变暖有明显的响应，现实状况下理论载畜量约为每公顷 2.54 个羊单位。在未来气温升高 2 ℃，降水不变的情景下，草场生产力将有所降低，相应的草场理论载畜量降低至每公顷 1.04 个羊单位，对高寒草甸草地畜牧业持续发展不利(李英年，2000)。青海省出现越来越多的暖冬，这给幼畜安全越冬、提高幼畜成活率带来了一定的优势，但同时暖冬气候也给病原微生物的繁殖滋生提供了环境条件，病原微生物对幼畜的健康带来了一定的威胁。

在未来的时间里，应降低牧业生产对未来气候变化的敏感性；应继续加强草原保护、建设和合理利用，充分发挥畜牧业生产潜力；继续退耕还牧，恢复草原植被，增加草原的覆盖度；以草定畜，控制草原的载畜量，防止过度放牧、草场超载；合理利用农业气候资源，选择耐高温抗干旱的草种并注意草种的多样性，避免草场的退化及加强病虫草害预报和防治工作等，以实现牧业生产的可持续发展。

4.2.5 对林业的可能影响及其对策

大气 CO_2 浓度与温度增高将对青海省林树的生长发育和木材产量产生影响，使森林资源的数量和质量都发生变化。同时，还会影响到林龄结构，使林木达到成熟的年龄改变，气候变化的 CO_2 施肥和升温作用，会使林木的生长加快，使林分提前郁闭，另外，过密或过稀的林分对气候变化的负效应抵抗能力弱，易衰亡，易发生病虫害等。同时，干燥度的增加，可能使青海省森林火灾发生的次数和强度有所增加。

今后青海省应加大适应未来气候变化的林分经营措施的实施力度，适当开展林业集约化经营，及时间伐、保护合理密度，选育优良树木品种，加强病虫害防治，提高森林对气候变化的适应能力(李克让等，1996)。

4.2.6　对能源的可能影响及其对策

未来气候变化可能对青海省能源生产和消费造成如下影响：一是气温升高可能进一步使取暖期缩短，冬季供暖能源消耗降低；二是气温升高使火力发电的能耗减少，有利于提高能效，减轻污染；三是黄河上游流量可能减少，致使水力发电可能出现阶段性不足，电力供应将受到影响；四是气候变暖可能使夏季制冷能耗开始增加；五是雷电、洪涝等极端天气事件可能增多，对电网的传输系统造成不利影响，可能引发电力供应短时中断等。

青海省应进一步从本省能源实际出发，坚持科学、明确的指导思想，制定切实可行的具体对策，树立科学发展观，构建能源可持续发展体系，推进能源企业的市场化改革，优化能源配置效率，转变经济增长方式，调整产业结构，提高能源技术创新力，建立符合省情的能源发展模式，采取综合措施保证能源安全(闫海成，2008)。

4.2.7　对人体健康的可能影响及其对策

青海省未来气候变化对人体健康的影响可能主要有以下几方面：一是极端低温天气日数将有所减少，高温频率和强度有所增加，人体舒适日数将明显增多；二是疾病发生和传播的机会将会增加，呼吸道传染病、肠道传染病及虫媒传染病可能增多；三是极端天气气候事件强度和频率的增加容易导致非职业性一氧化碳中毒、某些食物中毒和职业中毒等事件的增多；四是媒介动物生长繁殖环境时空范围可能扩大，将使细菌和病毒的生长繁殖期扩大。

为了积极有效地防御气候变化对人体健康的影响，应采取以下对策：一是加强对当地传染病及病媒生物的变化情况开展监测；二是深入研究当地传染病及病媒生物消长规律与气候变化的关系；三是优化流行病防御、控制和治疗所需的医疗技术，开展各种流行病适应对策的评估，确定优先实施顺序。

4.2.8　对重大工程的可能影响及其对策

未来气候变化可能对青海省重大工程建设和维护带来如下影响：一是气温升高会导致冻土进一步退化，冻胀、融沉作用加剧，对青藏铁路、青藏公路等重大工程的稳定运行带来安全隐患；二是冬季温度升高，重大工程建设的施工期将进一步延长；三是暴雨、雷电等极端天气气候事件发生的频次和强度有可能增加，对重大工程建设的不利影响扩大，维护成本增大；四是黄河上游等河流流量可能增加，龙羊峡水库等大型水利枢纽工程的功能将得到进一步发挥。

为此，今后青海省应切实开展重大工程气候可行性论证工作，研究、开发极端天气气候事件监测、预警与对重大工程影响评估技术，深入推广应用多年冻土区铁路、公路路基冻胀、融沉防治技术，加强青藏铁路、青藏公路沿线冻土环境保护，进一步建立和完善水利工程设施，提高水利电力资源的利用率。

4.2.9 对旅游业的可能影响及其对策

未来气候变化对青海省旅游业的可能影响有：一是适宜户外活动的时间向两端延伸，旅游季节将进一步延长；二是省内低海拔地区气温的进一步增高，西宁作为消夏之都避暑休闲的优势将进一步显现；三是人居环境将继续向好的方面转变，有利于休闲度假和健康旅游的开展；四是生物多样性仍将受到威胁，可能会给生态旅游带来不利影响；五是暴雨、洪涝、雷电等极端天气事件增多，可能对旅游安全造成一定威胁。

针对未来气候变化对旅游业带来得可能影响，青海省应进一步加大宣传力度，着力打造"大美青海"和"中国夏都"的美好旅游品牌，加强旅游资源开发，完善旅游设施，强化旅游管理，趋利避害，因地制宜地推进青海省生态旅游、健康旅游和特色旅游的快速发展。

第5章　应对气候变化保障措施

5.1　建立和完善机构与组织管理体系

5.1.1　加强应对气候变化工作的领导

为了加强应对气候变化工作，省政府出台了《青海省应对气候变化地方方案》，并成立了青海省节能减排及应对气候变化工作领导小组，领导小组下设节能减排及应对气候变化综合办公室。青海省节能减排及应对气候变化领导小组要研究制订青海省应对气候变化的方针和对策，统一部署应对气候变化工作，协调解决应对气候变化工作中的重大问题；组织贯彻落实国务院有关节能减排工作的方针政策，统一部署节能减排工作，研究审议重大政策建议，协调解决工作中的重大问题。其中青海省发改委负责节能减排和气候变化应对方面的综合协调和与国家发展改革委的衔接工作，青海省经委负责全省节能降耗具体工作，青海省环境保护厅负责污染减排具体工作，青海省气象局负责气候变化监测与评估具体工作。

5.1.2　切实发挥应对气候变化专家委员会的技术指导作用

尽快成立青海省应对气候变化专家委员会，在气候变化领导小组的领导下，青海省应对气候变化专家委员会要充分利用各部门信息资源，发挥专家委员会的决策咨询、监督和指导作用，就应对气候变化工作中的重大科学问题提供技术咨询和指导，并就应对气候变化工作实施情况进行监督指导，为青海省应对气候变化领导小组提供决策咨询。

5.1.3　建立应对气候变化的部门联动机制

充分利用各部门的科技优势和资源优势，推进不同部门之间资源共享和优势互补，尤其是推进环保、水利、农（牧）业、林业、旅游、交通、卫生和气象等部门联动，推进地方和部门应对气候变化技术服务网络建设，形成应对气候变化的技术服务体系，提升全社会防灾减灾、应急保障能力，共同推进气候变化应对工作。目前，具有政府规章效力的《青海省应对气候变化办法》已经实施，各部门、各地区应当依据此办法，进一步规范气候变化监测评估、节能减排、环境保护与修复等工作以及相应的问责机制。

5.2　加强应对气候变化的基础能力建设

5.2.1　加强气候变化监测、预估、影响评估能力

在现有气象观测站网的基础上，适当提高青海省三江源地区、青海湖流域以及柴达木盆地

等地的监测站网密度，通过实地监测、雷达监测、卫星遥感等多种手段，加强对重要江河湖泊流域、气象灾害脆弱区、重大气象灾害频发区、主要战略经济区、重要交通干线和枢纽以及观测盲区气候变化、气象灾害的监测能力；实现对冰川、雪线、河流湖泊等气候变化敏感领域的连续监测，最终形成基本覆盖全省、布局合理、功能相对完善的气候变化观测站网，同时要加强对卫星遥感资料的利用研究工作。

积极引进国内外先进的气候变化预估模式，并进行本地化研发，努力提高未来情景下气候变化的预测能力。根据我省实际，系统分析研究气候变化对相关领域等的影响，建立切实可行的气候变化对不同区域经济社会相关领域的影响评估模型，提高气候变化影响评估能力，重点加强气候变化对水资源、高原生态环境、农牧业生产布局等的影响评估能力，不断提高气候变化影响评估能力和应对气候变化决策水平。

5.2.2 推进信息共享能力建设

加快建设有效、畅通的气候变化相关领域信息共享系统，共享内容涵盖农牧业、生态环境、水资源、交通、卫生、林业、能源、旅游以及气候监测、预测、预警信息等内容，完善预警信息发布机制，疏通与同级政府应急管理平台、各部门和行业、公共媒体等互联互通的预警信息发布渠道，形成突发公共事件预警信息的综合发布平台。积极拓展气象广播电视频道、气象手机短信预警发布系统、数字卫星广播系统和专业信息网站等专业气象警报系统，让社会公众在第一时间获取气象灾害预警信息，扩大气象灾害预警信息覆盖面，实现气象灾害预警信息进农村、进学校、进社区、进企业。各级政府和有关部门要进一步重视和充分利用气象灾害预警信息，根据灾害性天气强度、移动路径、影响范围、致灾因子，以及当地经济社会发展状况和防灾抗灾救灾能力，采取科学有效的措施防御和减轻气象灾害。

5.2.3 加快温室气体排放清单编制

加快青海省温室气体清单的统计、编制，尽早对我省温室气体排放情况进行全面掌握与管理，识别出温室气体的主要排放源，了解省内各部门排放现状，确认减排机会，同时发掘潜在的节能减排项目及清洁发展机制（简称 CDM）项目，为参与国内自愿减排交易做准备。预测未来减缓潜力，作为应对气候变化决策时的重要参考依据，进而制定应对措施，积极应对国家政策及履行社会责任。

5.2.4 探索、建立碳排放权交易市场

要充分意识到建立本省碳交易市场的重要性，从战略高度上，积极制定并构建自己的认证制度和标准体系，构建围绕碳市场的基础产业，建立相关人才储备，提高在碳交易领域议价的话语权；积极鼓励碳交易市场参与主体及交易产品的多元化，引导企业和个人主动参与碳交易，以扩大和繁荣市场，减小投机资本造成的风险；以小区域碳交易市场的建立和发展为基础，构建成熟有序的碳排放权交易市场体系；尽快构建一整套与发展统一碳市场相关的法律法规体系，增加交易市场的透明度，保证信息通畅，为碳市场的交易提供有力保障。

5.3　加强气候变化科技创新能力建设

5.3.1　加强应对气候变化相关科技工作的组织管理

认真贯彻落实《国家中长期科学和技术发展规划纲要(2006—2020 年)》和《中国应对气候变化科技专项行动》,成立应对气候变化科技协调领导小组,不断完善领导和协调机制,加强气候变化领域科技工作的宏观管理和政策引导,健全气候变化相关科技工作的领导和协调机制,完善气候变化相关科技工作在各地区和各部门的整体布局,进一步强化对气候变化相关科技工作的支持力度,充分调动和整合地方、部门和行业的科技资源,鼓励和引导高校和科研院所开展综合交叉研究和气候变化科技领域的创新,引导企业与社会力量积极参与,共同推进气候变化科技工作。在应对气候变化科技协调领导小组指导下,设立专家委员会和专家工作组,充分发挥专家委员会对气候变化重大科技问题的决策咨询作用和专家工作组对具体科研工作的学术带头作用,建立并完善专家委员会和专家工作组的跨学科型的长效工作机制,完善科技领导小组办公室建设,强化其信息沟通和议事协调职能。

5.3.2　加大应对气候变化的研究力度

以拓展气候变化影响的研究领域、提高应对气候变化的自主创新能力为目标,加强气候变化的事实与归因、气候变化对经济社会的影响研究,加大气候变化对水资源、生态环境和农牧业、林业等敏感行业影响的定量评估技术开发,加快应对气候变化和生态保护方面适用技术的开发、示范和推广,开展重点行业减缓和适应气候变化关键技术研究,进行应对气候变化的战略研究,加大应对气候变化的经济社会成本效益分析和应对气候变化的技术选择与效果评价等重大问题的研究。加强气候观测系统建设,开发气候变化监测技术、温室气体减排技术和气候变化适应技术等,重点在气候变化监测诊断分析技术,气候变化数值模拟技术,气候变暖背景下极端气候事件和气象灾害变化趋势,水资源和生态环境等对气候变暖的响应以及气候变暖对农牧业、水资源、生态环境、人体健康等影响的评估技术,气候灾害预警评估方法,人工增雨技术开发,气候变化背景下农牧业、林业、生态、水资源等的适应性,节能减排技术,风能和太阳能评估利用技术开发利用等方面开展研究。

5.4　加强人力资源开发和人才的培养

制定行之有效的气候变化人才培养制度,大力加强气候变化领域各类科技人才的培养。特别重视培养具有国际视野和能够引领学科发展的学术带头人和中青年人才,建立人才激励与竞争的有效机制,着力培育一批能够扎根高原、自主创新能力强、专业特长突出、有较强影响力的气候变化科学研究团队。加大气候变化领域国内外优秀人才和智力的引进力度,建立和完善人才引进的优惠政策、激励机制和评价体系,完善人才、智力、项目相结合的柔性引进机制,鼓励采取咨询、讲学、技术合作等灵活方式引进国内外优秀人才。加强气候变化的学科建设,提倡学科交叉和自然科学与社会科学相结合,推动扩大高校和科研院所相关专业和课程的优化设置,逐步建立起门类齐全、结构合理的气候变化学科体系。

5.5 加强法律法规体系建设

从加强部门协调、拓宽融资渠道、依靠科技支撑、健全法规制度等方面采取切实有效的保障措施，在可持续发展的框架下，将应对气候变化与经济社会发展密切结合。各级政府应切实把应对气候变化摆到重要战略位置。要健全法规体系，完善地方各类标准，加快拟定地方性的法规和规章草案。以法律形式规范全社会广泛参与应对气候变化的责任和义务，规范气候变化监测评估、水资源保护利用、农牧业建设、森林保护、主体功能区规划和建设、气候可行性论证，提高全球气候变暖背景下极端天气气候事件及其衍生灾害的应对防御能力，规范各级政府和企业事业单位在生态保护和建设、产业布局、节能减排、农牧区能源建设、减少温室气体排放、循环经济、建筑节能方面的职责和义务。统筹协调各级政府及有关部门的应对气候变化行动，加强应对气候变化的能力建设。按照统一法规、统一规划、统一监管的要求，加强应对气候变化工作的综合监管力度，推进责任的落实。要根据《节约能源法》、《农业法》、《森林法》、《草原法》、《可再生能源法》、《循环经济促进法》、《清洁生产促进法》、《青海省应对气候变化办法》等法律法规和规章，加快制定部门规章或实施细则，依法建立严格的监管制度，加大执法监督检查力度。要着手研究易受气候变化影响的行业或部门的气象灾害防御标准、监测预警标准和气候影响评估标准，逐步建立政府部门和企事业单位联动防御气候灾害机制。要从长远着眼，制定以经济手段为主的应对气候变化方面的法规政策，综合运用行政与法律两种手段，限制碳排放，为应对气候变化提供有效的保障。

5.6 建立应对气候变化的多元投入机制

重点围绕节能和提高能效、可再生能源和新能源开发利用、清洁能源汽车、清洁生产程序、资源综合利用、环境保护、二氧化碳捕集和封存再利用以及气候变化能力建设等方面建立气候变化科技工作的长效投入机制。充分发挥政府作为气候变化科技工作投入主渠道的作用，多渠道筹集资金，引导社会各界加大对气候变化技术研发的投入，积极利用金融及资本市场，将科技风险投资引入气候变化领域，鼓励国内外社会各界为气候变化科技工作提供资金支持，建立气候变化科技工作的长期投入机制，加强对气候变化科学研究和技术开发的支持力度，有针对性地支持一批应对气候变化的科技项目。

在能源领域适度放开投资领域，拓宽融资渠道。降低民间资本准入制度，明晰责权，鼓励和引导民间资本参与基础设施的运营(政府给予补贴，企业通过技术进步节约成本盈利)；在生态领域建立科学合理的生态补偿机制，明确生态补偿对象，完善生态补偿内容，争取国家生态补偿资金；争取国家试点和财政资金支持以及利用世行、亚行贷款项目。多渠道、多层次筹集资金，争取一批关于生态保护、清洁能源开发利用、节能减排项目。采用投资适度倾斜政策，打破行政分割界限，对有利于能效提高的技改项目给予积极的财政支持；以创新基金、产业发展基金等形式加大对技术含量高、符合利于温室气体减排要求的企业的政策和资金扶持力度。对以生态效益和社会效益为主的应对项目，以公共财政投入为主，社会投资辅助；以经济效益为主的应对项目，以受益单位投入为主，公共财政投资辅助；以地区受益为主的应对项目，以地方政府投入为主，省级财政投资辅助。要发挥政府投资的引导作用，鼓励社会各界参与应对气候变化的共同事业，通过建立基金、加强国际技术合作与转让、帮助企业参与“清洁发展机制”方面的国际互惠交易活动，争取国外机构投资。要严把土地、信贷两个闸门，提高企业节能环保的市场准入门槛，促进企业自觉减缓温室气体排放。要整合科研院所、高校和企业的研发力量，开展与气候变化有关的重大科技项目研究，开发温室气体减排技术和气候变化适应技术。重点研究提高能效和清洁能源技术、可再生能源和资源综合利用技术、主要行业二氧化碳和甲烷等温室气体的排放控制与处置利用技术、生物固碳技术。加强气候变化对青海省水资源和土壤、病虫鼠害的影响研究，为农业生产顺应气候变化提供决策支持。要加大对气候变化相关科技工作的支持力度，充分发挥科学技术在应对和解决气候变化方面的基础和支撑作用。

5.7　提高公众应对气候变化的意识

5.7.1　发挥政府的推动作用

各级政府应把提高公众意识作为应对气候变化的一项重要工作，加强组织管理，积极采取有效措施提高机关、企事业单位领导干部的气候变化意识，努力造就具有较高气候变化意识的干部队伍，协调全社会的力量，大力宣传党中央、国务院和青海省委、省政府在气候变化问题上的立场、态度和各项方针政策，推动气候变化公众意识的不断提高。

5.7.2　加强媒体的宣传作用

建立政府、媒体、企业与公众相结合的宣传机制，通过报纸、电视、广播、网络等媒体广泛传播气候变化的科学知识，使媒体成为推进企业行动、提高公众意识的有效途径。利用各种大众传播媒介对社会公众进行应对气候变化的宣传活动，鼓励和倡导可持续的生活方式，倡导节约、循环、高效的消费意识等。丰富气候变化信息网站的内容及功能，使其成为获取应对气候变化相关信息的有效平台。

5.7.3　加强教育培训

积极开展形式多样、丰富多彩的宣传教育活动，引导公众选择有利于减缓气候变暖的消费模式。将气候变化知识纳入到中小学教材乃至成人教育、高等教育领域，使气候变化教育成为素质教育的组成部分；利用文化馆、图书馆等文化阵地，普及气候变化科普知识，举办各种专题培训班、学术研讨会等，充分利用各种世界纪念日活动，开展气候变化的科普教育，提高公众的应对气候变化意识。

5.7.4　鼓励社会公众参与

建立和完善气候变化信息发布的渠道和制度，拓宽公众参与和监督渠道，积极发挥民间社会团体的作用，建立应对气候变化志愿者队伍，建立公众和企业界参与的激励机制，推动广大公众和社会各界参与减缓全球气候变化的行动。发起气候变化相关主题的公众参与活动，促进公民从生活细节上注重节约能源、保护环境。

5.8 加强国内外的交流与合作

积极利用国际气候变化领域的资金、技术，开展应对气候变化方面的国际交流与合作，扩大国际交往范围与合作领域，建立气候变化信息资料库，引进更多的资金和技术。要加强开展清洁发展机制合作项目的能力建设，积极推进在清洁发展机制、技术转让等方面的国际合作，有效利用中国清洁发展机制基金，缓解应对气候变化的资金压力。履行《联合国气候变化框架公约》和《京都议定书》的有关承诺，积极对外提供科研资料与技术。通过开展国际合作，调整和完善应对方案，不断提升应对气候变化的能力。

重点应在以下几方面开展交流合作：

(1)气候变化的监测评估预警技术

高原气候和生态观测技术，气象卫星和资源卫星遥感监测信息反演技术，高原气候变化监测与检测技术，大气成分监测技术，极端气候事件监测预警技术，气候变化对水资源、冻土、生态系统和敏感行业影响的定量评估技术，高原气候变化趋势的预估技术。

(2)污染物处理技术

大气污染防治技术，水污染再生利用技术，固体废物资源化利用技术和无害化处理技术，城市垃圾处理技术等。

(3)减缓温室气体排放技术

先进的能源技术，环境保护与资源综合利用技术，高效交通运输技术，新节能技术，新型建筑材料技术等。

(4)碳排放贸易

利用清洁发展机制，通过碳贸易，获取先进技术和资金投入，发展环境保护技术、可再生能源技术、建筑节能技术等。推进智能电网建设，促进光伏、风电等清洁能源发展和利用，推动电动汽车发展，有效降低能源消耗和污染物排放。

(5)气候变化其他适应技术

旱作农业高效节水技术，农牧业育种技术，抗旱农作物种植技术，工业用水节约与循环利用技术，湿地生态系统修复和重建技术等。

参考文献

陈全功.2007.江河源区草地退化与生态环境的综合治理[J].草业学报,**16**(1):10-15.

德力格尔,赵玉成.2007.青海省瓦里关地区近十年来大气本底化学组分的变化特征[J].环境化学,**265**(2):241-244.

樊启顺,沙占江,曹广超,等.2005.气候变化对青海高原冰川资源的影响评价[J].干旱区资源与环境,**19**(5):56-60.

郭其蕴,蔡静宁,邵雪梅,等.2004.1873—2000年东亚夏季风变化的研究[J].大气科学,**28**(2):206-215.

李克让,陈育峰,刘世荣,等.1996.减缓及适应全球气候变化的中国林业对策[J].地理学报,**51**(增刊):109-119.

李林,李凤霞,朱西德,等.2009.黄河源区湿地萎缩驱动力的定量辨识[J].自然资源学报,**24**(7):1246-1255.

李林,王振宇,汪青春.2005.青海高原冻土退化的若干事实揭示[J].冰川冻土,**27**(3):320-328.

李英年,王启基.1999.气候变暖对青海农业生产格局的影响[J].西北农业学报,**8**(2):102-107.

李英年.2000.高寒草甸牧草产量和草场载畜量模拟研究及对气候变暖的响应[J].草业学报,**9**(2):77-82.

林学椿,于淑秋,唐国利.1995.中国近百年温度序列[J].大气科学,**19**(5):525-534.

刘吉峰,李世杰,丁裕国.2008.基于气候模式统计降尺度技术的未来青海湖水位变化预估[J].水科学进展,**19**(2):184－191.

刘小园.2001.青海湖水位变化趋势分析[J].干旱区研究,**18**(3):58-62.

秦大河.2005.中国气候与环境演变[M].北京:气象出版社.

《青海省统计年鉴2011》编辑委员会.2011.青海省统计年鉴2011.北京:中国统计出版社.

沈永平,王根旭,吴青柏,等.2002.长江—黄河源区未来气候情景下的生态环境变化[J].冰川冻土,**24**(3):308-314.

施能,陈家其,屠其璞.1995.中国近百年来4个年代际的气候变化特征[J].气象学报,**53**(4):431-439.

孙杨,张雪芹,郑度.2010.气候变暖对西北干旱区农业气候资源的影响[J].自然资源学报,**25**(7):1153-1162

王文虎,郭艳丽.2009.2008年青海省能源消费状况分析[J].青海统计,(9):19-21.

吴广生,唐慧锋,李瑞鹏.2008.宁夏枸杞在青海的发展现状[J].宁夏农林科技(2):18-19.

吴素霞,常国刚,李凤霞,等.2008.近年来黄河源头地区玛多县湖泊变化[J].湖泊科学,**20**(3):364-368.

徐兴奎,陈红,张凤.2007.中国西北地区地表植被覆盖特征的时空变化及影响因子分析[J].环境科学,**28**(1):41-47.

闫海成.2008.论我国能源发展战略对策[J].当代经济,**12**(上):81-83.

杨博辉,郎侠,孙晓萍.2006.青藏高原生物多样性[J].家畜生态学报,**26**(6):1-5.

杨炯学.2008.青海可再生能源利用思路[J].青海经济研究(6):47-50.

张国胜,李林,汪青春,等.2007.青海高原冻土退化驱动因素的定量辨识[J].地理科学,**27**(3):337-341.

赵振国.1996.厄尔尼诺现象对北半球大气环流和中国降水的影响[J].大气科学,**20**(4):422-428.

周凌晞,周秀骥,张晓春,等.2007.瓦里关温室气体本底研究的主要进展[J].气象学报,**65**(3):458-467.

周秀骥,罗超,李维亮,等.1996.中国地区臭氧总量变化与青藏高原异常低值中心[C]//中国地区大气臭氧变化及其对气候环境的影响(1).北京:气象出版社:232-238.

周秀骥. 2005. 中国大气本底基准观象台进展总结报告(1994—2004)[M]. 北京:气象出版社:12-41.

周自江,章国材. 2003. 中国北方的典型强沙尘暴事件(1954—2002 年)[J]. 科学通报,**48**:1224-1228.

Li X R, Jia X H, Dong G R. 2006. Influence of desertification on vegetation pattern variations in the cold semi-arid grasslands of Qinghai-Tibet Plateau. North-west China. *Journal of Arid Environment*, **64**(3):505-552.

Zhai P M, Pan X H. 2003. Trends in temperature extremes during 1951—1999 in China[J]. *Geophysical Research letters*, **30**(17):CLM9(1-4).